Technik im Fokus

Konzeption der Energie-Bände in der Reihe Technik im Fokus: Prof. Dr.-Ing. Viktor Wesselak, Institut für Regenerative Energiesysteme, Fachhochschule Nordhausen

Technik im Fokus

Photovoltaik – Wie Sonne zu Strom wird
Wesselak, Viktor; Voswinckel, Sebastian, ISBN 978-3-642-24296-0

Komplexität – Warum die Bahn nie pünktlich ist
Dittes, Frank-Michael, ISBN 978-3-642-23976-2

Kernenergie – Eine Technik für die Zukunft?
Neles, Julia Mareike; Pistner, Christoph (Hrsg.), ISBN 978-3-642-24328-8

Energie – Die Zukunft wird erneuerbar
Schabbach, Thomas; Wesselak, Viktor, ISBN 978-3-642-24346-2

Werkstoffe – Unsichtbar, aber unverzichtbar
Weitze, Marc-Denis; Berger, Christina, ISBN 978-3-642-29540-9

Werkstoff Glas – Alter Werkstoff mit großer Zukunft
Schaeffer, Helmut; Langfeld, Roland, ISBN 978-3-642-37230-8

3D-Drucken – Wie die generative Fertigungstechnik funktioniert
Fastermann, Petra, ISBN 978-3-642-40963-9

Wasserstoff und Brennstoffzellen – Unterwegs mit dem saubersten Kraftstoff
Lehmann, Jochen; Luschtinetz, Thomas, ISBN 978-3-642-34667-5

Weitere Bände zur Reihe finden Sie unter
http://www.springer.com/series/8887

Dagmar Hülsenberg

Keramik

Wie ein alter Werkstoff hochmodern wird

Dagmar Hülsenberg
acatech, TU Ilmenau
Ilmenau, Deutschland

ISSN 2194-0770
ISBN 978-3-642-53882-7   ISBN 978-3-642-53883-4 (eBook)
DOI 10.1007/978-3-642-53883-4

Die Deutsche Nationalbibliothek verzeichnet diese Publikation in der Deutschen Nationalbibliografie; detaillierte bibliografische Daten sind im Internet über http://dnb.d-nb.de abrufbar.

Springer Vieweg

Gedruckt auf säurefreiem und chlorfrei gebleichtem Papier.

Springer Vieweg ist eine Marke von Springer DE. Springer DE ist Teil der Fachverlagsgruppe Springer Science+Business Media
www.springer-vieweg.de

Technik im Fokus: Keramik – Wie ein alter Werkstoff hochmodern wird

Fragt man eine beliebige Person nach „Keramik", wird man Antworten erhalten, die sich ausschließlich auf Geschirr und künstlerische Keramik, vielleicht noch auf elektrische Isolatoren und Sanitärkeramik oder auch auf Ziegel begrenzen. Damit schränkt sich die allgemeine Kenntnis über Keramik-Werkstoffe auf solche ein, die Tone und Kaoline als wichtigen Rohstoff enthalten. Dass die Palette der Keramik-Werkstoffe, beginnend an der Wende zum 20. Jahrhundert, weit über die „klassische" Keramik hinausgegangen ist, konnte sich in der allgemeinen Wahrnehmung bisher nicht etablieren. Das ist auch der Grund dafür, dass die Fachleute in Abgrenzung zur breiten Palette von neuen technischen Keramik-Werkstoffen für die seit Jahrhunderten hergestellten Keramik-Erzeugnisse den Begriff „Ton-Keramik" geprägt haben.

Das vorliegende Buch versucht, in einem einleitenden, historischen Überblick eine Übersicht über diese „klassischen" Ton-Keramiken zu geben. Da moderne, technische Keramik-Werkstoffe ohne diesen bildsamen Rohstoff auskommen müssen, folgen neue Anforderungen an deren Herstellungsmöglichkeiten. Neue Verfahren der Rohstoffgewinnung, der Formgebung und des Brennens werden als Übersicht in einem eigenständigen Kapitel der Behandlung der speziellen Keramik-Werkstoffe vorangestellt. Ohne auch nur im Entferntesten eine vollständige Darstellung der heute verfügbaren Keramik-Werkstoffe geben zu können, wird versucht, in den Kapiteln Silikat-Keramik, Oxid-Keramik und Nichtoxid-Keramik wenigstens einen Überblick zu geben, wie moderne Keramik-

Werkstoffe zusammengesetzt sind, was sie heute leisten können und welche Anwendungsfelder ohne sie gar nicht möglich wären.

Die Springer-Titelreihe „Technik im Fokus" wendet sich u. a. an Lehrer, Ingenieure jeglicher Fachdisziplinen, Politiker und Journalisten, die sich möglichst kurzfristig aus dienstlichen Gründen Informationen zu Keramik-Werkstoffen beschaffen möchten oder müssen. Aber auch Studierende der Ingenieurwissenschaften ganz allgemein können sich Grundkenntnisse zur Werkstoffgruppe aneignen. Es geht also einerseits um Einsteigerwissen. Andererseits besteht die Absicht des Buches darin, die Neugier auf weitergehende Informationen zu Keramik-Werkstoffen und zur detaillierteren Beschäftigung mit ihnen zu wecken.

Dem Anliegen des Buches entspricht es, dass sich der Leser möglichst ohne zusätzliche Recherchen Basiskenntnisse zu Keramiken aneignen kann. Deshalb wurde mit Literaturverweisen sparsam umgegangen. Da es hervorragende deutschsprachige Fachbücher auf diesem Gebiet gibt, wurde für weitergehende Informationen ausschließlich auf diese verwiesen. Das schließt natürlich die Beschäftigung mit fremdsprachlichen Texten vor allen Dingen in Zeitschriften und Konferenzberichten nicht aus.

In der Abfassung des Buches werden bewusst Formeln vermieden. Die Absicht besteht darin, die teilweise sehr komplexen Zusammenhänge allgemein verständlich zu erklären. Dadurch wird an einigen Stellen auf die eigentlich notwendige Tiefe der Darstellung verzichtet. Das Buch enthält viele Diagramme und Fotos, um Aussagen zu verdeutlichen. Spezielle Anwendungsfälle sind besonders hervorgehoben. Anregungen zur Verbesserung der Darstellung und vor allen Dingen zur Neuaufnahme von aktuellen Entwicklungen und Tendenzen sind, sofern sie nicht den engen Rahmen sprengen, immer willkommen.

Für die Bereitstellung von Dateien und Abdruckgenehmigungen für Diagramme und Fotos wird den Verlagen: Thieme-Verlag Stuttgart, HvB-Verlag Ellerau, Vulkan-Verlag Essen, Carl-Hanser-Verlag München, Hofmann-Verlag GmbH Schorndorf; sowie den Unternehmen: Rauschert Steinbach GmbH Steinbach, Morgan Advanced Materials: Technical Ceramics - Haldenwanger Waldkraiburg, SGL CARBON SE Wiesbaden, FCT Ingenieurkeramik GmbH Rauenstein, Matthys Orthopädie GmbH Mörsdorf, CeramTec GmbH Lauf, Elektrokeramik Sonneberg GmbH und CERApro Hochtemperaturtechnik GmbH Kalchreuth; sowie dem Fraunhofer Institut für Keramische Technologien und

Systeme IKTS Dresden herzlich gedankt. Das gilt auch für die konstruktive Zusammenarbeit mit Frau Eva Hestermann-Beyerle und Frau Birgit Kollmar-Thoni vom Springer-Verlag.

Dagmar Hülsenberg; Mitglied des Themennetzwerkes „Materialwissenschaft und Werkstofftechnik" der Deutschen Akademie der Technikwissenschaften, acatech, und Professor i.R. an der TU Ilmenau im Herbst 2014

Inhaltsverzeichnis

Technische Entwicklungen, die erst durch Keramikwerkstoffe möglich sind 1

Keramikerzeugnisse kommen in kompakter Form, als Schichten, Fasern oder Körnung (bis in den nm-Bereich) oder auch als Bestandteil von Verbundwerkstoffen vor. Unter „Keramik" versteht man meist einer chemisch beständigen, bei hohen Temperaturen mechanisch stabilen, elektrisch isolierenden, nicht durchsichtigen, wärmeisolierenden, aber auch leicht zerbrechlichen Werkstoff. Diese Aussagen treffen heute nicht mehr uneingeschränkt zu. Man hat neben den traditionellen auch Keramikwerkstoffe mit hervorragender Wärmeleitfähigkeit, optisch völlig transparent, aber auch elektrisch halbleitend oder leitend (auf der Basis von Ionen- oder auch Elektronenleitfähigkeit) entwickelt. Weiterhin existieren schadenstolerante Verbundwerkstoffe mit einer Keramikmatrix. Keramikwerkstoffe weisen bei anderen Werkstoffen nicht mögliche Eigenschaftskombinationen auf, z. B. wärmeleitend und gleichzeitig elektrisch isolierend oder magnetisch und gleichzeitig elektrisch isolierend.

Zu den traditionellen Keramikerzeugnissen gehören beispielsweise Terrinen, Tassen und Teller, auch Vasen und künstlerisch gestaltete Figuren aus *Hart*porzellan, Abb. 1.1.

Aber auch durchscheinende Dosen aus *Weich*porzellan, Abb. 1.2, findet man in vielen Haushalten.

Nicht zuletzt ist Porzellan als elektrisch isolierender Werkstoff für Isolatoren im Niederspannungs- und heute vor allem im Hochspannungsbereich im Gebrauch. Man kennt weiterhin wegen seiner hohen chemischen Beständigkeit Porzellanerzeugnisse im Labor und im Chemieanlagenbau. Diese kurze Aufzählung verdeutlicht bereits, dass Porzellan nicht gleich Porzellan ist, sondern in unterschiedlichen Zusammensetzungen als eine Untergruppe der keramischen Werkstoffe existiert.

© Springer-Verlag Berlin Heidelberg 2014
D. Hülsenberg, *Keramik*, Technik im Fokus, DOI 10.1007/978-3-642-53883-4_1

Abb. 1.1 Mokkatasse mit Unterteller aus Meißener Hartporzellan

Aber was haben beispielsweise Dieselpartikel-Filter, Implantate, Bremsbeläge für die Formel-1-Boliden, Abgassensoren, Katalysatoren für die Nachverbrennung der Abgase in Fahrzeugen und Kraftwerken, Elektroden für Brennstoffzellen, Rotorblätter für Hubschrauber, Wärmeschutzschilder für das Space-Shuttle sowie Raketenantriebe mit Keramik zu tun? Ohne Keramik-Bauteile oder Keramik-Beschichtungen würden die genannten Erzeugnisse oder Anlagen nicht oder zumindest nicht so gut, wie man es gewohnt ist, funktionieren. Bei ihnen allen stehen Keramik-Bauteile weit am Beginn der Wertschöpfungskette. Sie sind im Endprodukt meist so gut „verpackt", dass nur der Fachmann etwas vom Vorhandensein der Keramik-Bauteile weiß. Welcher enorme Anteil der in der Statistik ausgewiesenen Endprodukte beispielsweise im Maschinenbau, der Medizin-, der Energie- oder der Fahrzeugtechnik ohne diese Keramikbauteile gar nicht möglich wäre, erfährt man nicht. Der statistische Ausweis von Keramik-Erzeugnissen entspricht also in keinem Fall ihrer Bedeutung für die Volkswirtschaft. Die Wichtigkeit von Keramikwerkstoffen kann man aus den folgenden Beispielen erkennen.

Abb. 1.2 Dose aus Weich-, im speziellen Fall Staffordshire-Knochenporzellan. Aufgrund des höheren Gehaltes an Flussmitteln sintert es bei geringerer Temperatur als Hartporzellan dicht. Wegen des höheren Anteils an Glasphase ist es durchscheinend

Beispiel

Nehmen wir beispielsweise Waben-Keramik. Ihre äußere Form ähnelt tatsächlich der von Bienenwaben. Sie stellt das Kernstück von z. B. Dieselpartikelfiltern und Katalysatorträgern dar. Die chemische Zusammensetzung der Waben-Keramik hängt stark vom Einsatzgebiet ab. Es kann sich beispielsweise um Cordierit-Keramik (Abschn. 4.4), um eine Mischkeramik aus Titanoxid und Vanadiumoxid (Abschn. 5.4.3), um Aluminiumoxid-Keramik (Abschn. 5.2.2) oder um Siliziumkarbid-Keramik (Abschn. 6.2.2) handeln.

Abbildung 1.3 zeigt eine solche Wabenkonstruktion, in der die Rußteilchen, die bei der Dieselkraftstoff-Verbrennung entstehen, festgehalten und anschließend verbrannt werden sollen. Die hohe Temperaturbeständigkeit ist nicht nur im Zusammenhang mit dem Strömen der heißen Abgase durch das Filter, sondern vor allem in der Phase der gezielten Nachverbrennung der Rußteilchen erforderlich. Die dabei auftretenden Temperaturen können durchaus 1000 °C erreichen. Die eingesetzte Keramik ist weiterhin nahezu unempfindlich gegenüber Sauerstoff und in den Abgasen enthaltenem Wasserdampf.

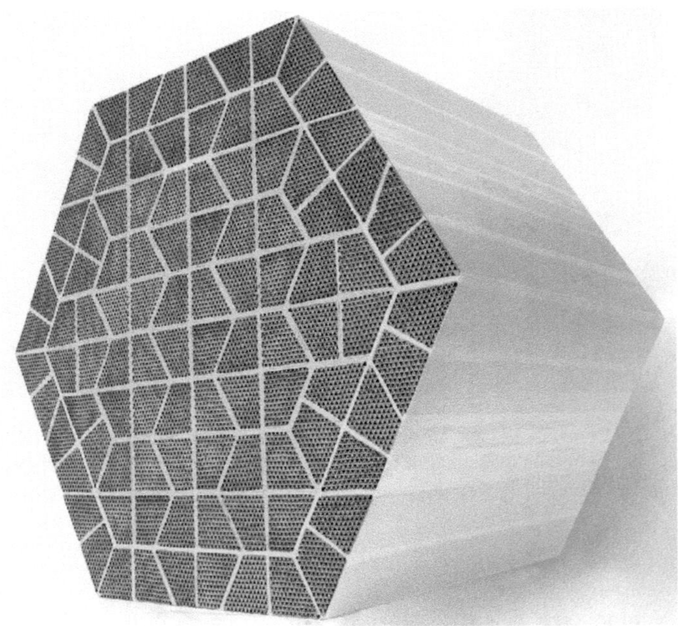

Abb. 1.3 Keramikwaben-Bauteil für einen Dieselpartikelfilter (Veröffentlichung mit freundlicher Genehmigung des Thieme-Verlags [1, Stichwort Dieselpartikelfilter, Abb. 1])

Wabenkeramiken anderer chemischer Zusammensetzungen besitzen bei der katalytischen Nachverbrennung von CO und unverbrannten Kohlenwasserstoffen sowie für die Reduzierung von NO_x aus den Abgasen Bedeutung. Abgase entstehen sowohl in mobilen als auch in stationären Anlagen. Erstere unterliegen einem häufigen Anlassen und Abschalten, so dass temperaturwechselbeständige Werkstoffe verlangt sind. Keramiken als Katalysatorträger für die Nachverbrennung der Abgase aus stationären Anlagen (Kraftwerke und Fabriken) dagegen, sind in der Regel konstant hohen Temperaturen, aber seltener einem Temperaturwechsel ausgesetzt. Die chemische Zusammensetzung (Beispiel in Abschn. 5.4.3) kann deshalb eine andere als z. B. für benzin-getriebene Kraftfahrzeuge (Beispiel in Abschn. 4.4) sein. Die verschiedenen, hier eingesetzten Keramiken leisten einen großen Beitrag zum Schutz unserer Umwelt.

Beispiel

Brennstoffzellen, in denen Wasser oder auch Methan durch elektrochemische Reaktionen so aufgespalten werden, dass molekularer Wasserstoff als „Treibstoff" für eine Stromerzeugung entsteht, sind ohne Keramikwerkstoffe nicht denkbar. Dabei handelt es sich um dünne Schichten aus Polykristallen sehr verschiedener, meist oxidischer Zusammensetzung auf den Elektroden und außerdem um die Membranen (Abschn. 5.7.1 und 5.7.2) für den Transport der Sauerstoffanionen von der Anode zur Kathode. Wer ahnt schon, wenn er Abb. 1.4 betrachtet, dass es sich bei dem Stapel um Keramikfolien handelt?

Abb. 1.4 Stack aus 30 elektrisch in Reihe geschalteten Brennstoffzellen (Veröffentlichung mit freundlicher Genehmigung des Fraunhofer-Instituts für Keramische Technologien und Systeme, IKTS, Dresden [2, S. 88, Abb. 4])

Beispiel

Aber auch Implantate können aus Spezial-Keramiken bestehen. Am bekanntesten ist das Hüftgelenk-Implantat. Der kugelige Kopf, der in der Pfanne gleitet, besteht häufig aus Korund-Keramik (Abschn. 5.2.2). Sie ist bioinert, d. h. es finden keine Reaktionen mit Körperflüssigkeiten statt. Korund-Keramik lässt sich mit extrem glatter Oberfläche herstellen. Gleitet die Kugel in der Pfanne, entsteht nahezu keine Reibung. Außerdem besitzt sie eine ausreichende mechanische Langzeitfestigkeit. Abbildung 1.5 zeigt die verschiedenen Bauteile, aus denen solch ein Hüftgelenk-Implantat besteht. Dabei werden der kugelige „Kopf" mit dem Metallschaft im Oberschenkelknochen und die „Pfanne" im Hüftknochen verankert.

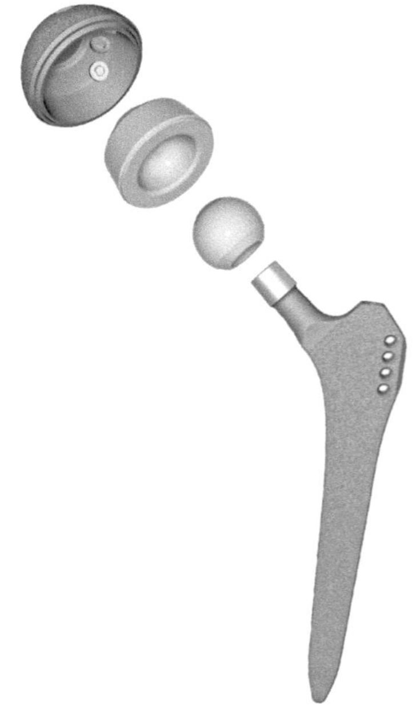

Abb. 1.5 Implantat für verschlissene Hüftgelenke, bestehend aus einer Korund-Pfanne und einer Korund-Kugel, die auf einem Metallschaft (Titanlegierung) aufsitzt (Veröffentlichung mit freundlicher Genehmigung der Matthys Orthopädie GmbH Mörsdorf)

Beispiel

Auch bei der Umstellung auf erneuerbare Energien spielt die Keramik eine wichtige Rolle. Außer in den Brennstoffzellen findet man Keramikschichten auf den aus glasfaserverstärkten Kunststoffen bestehenden Rotorblättern der Windräder. Sie schützen die Rotorblätter vor mechanischem und chemischem Verschleiß. Für die Beschichtung kommen in erster Linie nichtoxidische Materialien auf der Basis von Carbiden und Nitriden zur Anwendung.

Beispiel

Für die Rotorblätter von Hubschraubern werden häufig noch anspruchsvollere Werkstoffe eingesetzt. Es handelt sich um Verbundwerkstoffe mit Kohlenstofffasern, deren Matrix nicht mehr aus Kunststoff, sondern ebenfalls aus Kohlenstoff, Siliziumnitrid-Keramik (Abschn. 6.4) oder Siliziumkarbid-Keramik (Abschn 6.2) besteht. Sie besitzen gegenüber glasfaserverstärkten Kunststoffen (GFK) eine deutlich höhere Schadenstoleranz und Biege- sowie Verdrehungssteifigkeit. Sehr hoher Fertigungsaufwand und daraus resultierende Kosten gestatten jedoch nur Spezialanwendungen.

Beispiel

Ein sehr attraktiver Anwendungsfall für stark mechanisch und thermisch beanspruchte Bauteile sind Bremsscheiben aus Carbon-Keramik, Abb. 1.6.

Beispiel

Keramikwerkstoffe kommen neuerdings auch in Akkumulatoren und Batterien zur Anwendung, z. B. für Elektroautos oder für Herzschrittmacher. Sie werden für die Beschichtung der Elektroden und, natürlich in anderer Zusammensetzung, sukzessive auch als Festelektrolyte eingesetzt. Bei den Festelektrolyten handelt es sich im Unterschied zu z. B. wässriger Schwefelsäure um ionenleitende Festkörper. In Li-Ionen-Batterien bzw. Akkumulatoren werden beispielsweise schon heute auf die Elektroden elektronenleitende (Kathode) oder ionenleitende (Anode) Keramikschichten aufgebracht. In der Entwicklung befinden

Abb. 1.6 Bremsscheibe aus Carbon-Keramik für den Porsche Cayenne (Veröffentlichung mit freundlicher Genehmigung der SGL Group (Copyright 1998-2013 SGL Carbon SE))

sich Varianten für Festelektrolyte auf der Basis ionenleitender Keramiken. Dabei hat man sich an Forschungsergebnisse aus den 80er Jahren des vorigen Jahrhunderts erinnert. Batterien für Herzschrittmacher auf der Basis von Keramik-Festelektrolyten, im speziellen Fall Li-dotierte β-Tonerde, existieren bereits seit den 1990er Jahren (Abschn. 5.7).

Beispiel

Siliziumnitrid-Keramik, deren Herstellung ebenfalls erst seit den 1990er Jahren gelingt, stellt einen im Vergleich zu Metallen sehr leichten, hoch festen, steifen, temperaturbeständigen, langzeitstabilen Werkstoff mit geringer thermischer Dehnung und gleichzeitig hoher Wärmeleitfähigkeit dar, was zu einer besonders hohen Temperaturwechselbeständigkeit führt. Deshalb trifft man diese nichtoxidische Keramik vor allem im High-Tech-Bereich an, z. B. für Gehäuse von Luftraumüberwachungskameras. Diese werden meist mit Flugkörpern transportiert und sind hierbei hohen Beschleunigungen, Reibungen und Temperaturwechseln ausgesetzt. Abbildung 1.7 zeigt ein solches Gehäuse aus Siliziumnitrid-Keramik, das sich visuell nicht sofort als Keramik identifizieren lässt und äußerlich eher einem Kunststofferzeugnis ähnelt.

Um die folgenden Darlegungen in den Gesamtzusammenhang einzuordnen, ist es erforderlich zu definieren, was unter einer Keramik verstanden wird:

▶ **Definition** Als *Keramik* bezeichnet man alle die anorganisch-nichtmetallischen Werkstoffe und Erzeugnisse, die nach einer Pulvertechnologie hergestellt werden und erst durch einen Hochtemperaturprozess ihre endgültigen Eigenschaften erhalten. Die Herstellung umfasst die Schritte: Erzeugung des Ausgangspulvers, Mischen verschiedener Pulver in der Regel in einem Suspensionsmittel, Formgebung durch Gießen, Drehen, Pressen, Ziehen oder mittels Beschichtungsverfahren, wenn nötig Trocknen, gegebenenfalls Glasieren, in jedem Fall Brennen bzw. Sintern und meist auch Nachbearbeiten. Es handelt sich um polykristalline Materialien, wobei sich zwischen den wenige μm kleinen Kristallen auch fein verteilte Glasphase oder Poren befinden können.

Um die Keramikwerkstoffe selbst, ihre Herstellung und Anwendung besser zu verstehen, bietet sich zunächst ein kurzer Rückblick auf die Entstehungsgeschichte an.

Abb. 1.7 Gehäuse für eine Luftraumüberwachungskamera aus Si_3N_4 (Veröffentlichung mit freundlicher Genehmigung der FCT Ingenieurkeramik GmbH, Frankenblick-Rauenstein)

Literatur

1 RÖMPP: Online – Lexikon der Chemie. Georg Thieme Verlag, Heidelberg (2013)

2 Fraunhofer Institut für Keramische Technologien und Systeme: Jahresbericht. IKTS, Dresden (2012/2013)

2.1 Ton-Keramik

2.1.1 Einordnung in die Klasse der Keramikwerkstoffe

In der öffentlichen Wahrnehmung versteht man unter dem Begriff *Keramikwerkstoffe* in der Regel solche, die auf der Basis toniger Erden (Tone, Kaoline und Lehme) hergestellt werden. Man nennt sie auch Ton-Keramiken. Dazu zählen Geschirr, Ziegel, Kanalisationsrohre oder auch Figuren, d. h. Gebrauchsgegenstände, künstlerische Erzeugnisse und Baumaterialien, die man schon in primitiven Anfängen vor etwa 30.000 Jahren herstellen konnte.

Über Jahrtausende hinweg wurden zufällig gefundene, geeignete Rohstoffe mit Wasser zu einer formbaren Masse vermengt. Die Formgebung der Masse erfolgte über lange Zeit ausschließlich durch Kneten und Quetschen oder durch Drücken in Formen. Im Gegensatz zu Metallen und Gläsern werden für die Herstellung von Keramiken die gemischten Rohstoffe unmittelbar geformt, nicht der eigentliche Keramikwerkstoff. Dieser entsteht erst nach dem Trocknen der Rohlinge während des Brandes. Dabei rücken die Rohstoffteilchen eng aneinander. Es entstehen stoffschlüssige Bindungen. Dieser Vorgang kann mit chemischen Reaktionen, der Entstehung von Schmelzphase und Kristallneubildungen oder Kristallumwandlungen verbunden sein. Das Erzeugnis verfestigt sich. Durch das Aneinanderrücken der Rohstoffteilchen in einer sich bildenden hochviskosen Schmelzphase und/oder durch Diffusion werden die Erzeugnisse kleiner. Sie schwinden. In diesem Zusammenhang verringert sich auch deren Porosität. Es entsteht der keramische „Scherben".

© Springer-Verlag Berlin Heidelberg 2014

D. Hülsenberg, *Keramik*, Technik im Fokus, DOI 10.1007/978-3-642-53883-4_2

▶ **Definition** Im Unterschied zu dem im Sprachgebrauch üblichen Begriff *die* Scherben für zerbrochene Keramik- oder Glaserzeugnisse versteht man unter *der* Scherben den Keramikwerkstoff selbst, der die Wandung entsprechender Erzeugnisse bildet. Der unterschiedliche Scherben ist durch seine spezielle chemische und kristallografische Zusammensetzung, seine Struktur und mechanischen, thermischen, chemischen, magnetischen, elektrischen und optischen Eigenschaften gekennzeichnet.

Kurz vor der Zeitenwende entstanden durch Drehen auf der Töpferscheibe erste rotationssymmetrische Erzeugnisse. Sie besitzt auch heute noch für die Formgebung von künstlerischer Keramik Bedeutung. In der Massenproduktion von Geschirr im 20. Jahrhundert wurde das manuelle Drehen durch Maschinen (Rollermaschinen) übernommen (Abschn. 3.3.2). Als Rohstoffe kommen bildsam formbare Tone und Kaoline (Abschn. 3.1.1), vermischt mit Sand und Feldspat, zur Anwendung.

Die Ton-Keramik besitzt noch heute ihre Berechtigung, ohne dass der exakte Begriff im Unterschied zu den vielen anderen Keramikwerkstoffen in den täglichen Sprachgebrauch Eingang gefunden hat. Man möchte „Keramik" in hoher Qualität und möglichst billig nach wie vor kaufen, wobei es sich auch hier um sehr verschiedene Werkstoffe handelt.

2.1.2 Verschiedene Ton-Keramiken

Geschirr, Vasen und Kunstgegenstände können beispielsweise aus *Porzellan* bestehen (Abb. 2.1).

▶ **Definition** Porzellan ist ein dichter tonkeramischer Werkstoff. Der Scherben ist durchscheinend, weiß und besitzt keine offenen Poren. Die Bruchfläche erscheint homogen-muschelig. Porzellan besitzt eine hohe chemische Beständigkeit, gute elektrische und thermische Isolationsfähigkeit, lässt sich durch die glatte Glasur gut reinigen und wird für Gebrauchsgegenstände dekoriert. Der Nachteil besteht in der Empfindlichkeit gegenüber Sprödbruch. [1]

Aber auch *Steingut* erlebt gegenwärtig eine Renaissance.

Abb. 2.1 Zuckerdose aus Hartporzellan, gefertigt etwa 1930 durch die Firma Hutschenreuther in Selb

► **Definition** Steingut ist ein poröser tonkeramischer Werkstoff, der erst durch das Aufschmelzen einer Glasur dicht wird. Der Scherben ist gelblich-weiß und undurchsichtig. Durch die Porosität weist Steingut eine geringe Festigkeit, aber eine vergleichsweise gute Temperaturwechselbeständigkeit auf. Man unterscheidet Kalk- oder Weichsteingut, Feldspat- oder Hartsteingut und Mischsteingut. Die Erzeugnisse werden zwei Mal gebrannt. In Abhängigkeit von der konkreten Zusammensetzung nutzt man Temperaturen zwischen 1100 bis 1300 °C, um den porösen Steingutscherben zu erzeugen. Anschließend wird glasiert. Das Aufschmelzen der nach dem Abkühlen dichten Glasur erfolgt, wieder in Abhängigkeit von der Zusammensetzung, zwischen 900 bis 1200 °C. [1]

Auch wenn heute Wasch- und Toilettenbecken meist aus sogenanntem Vitreous China, einem dem Weichporzellan verwandten Werkstoff, bestehen, „leistet" man sich doch wieder Sanitärerzeugnisse aus Steingut.

Abb. 2.2 Dose aus
Bunzlauer Keramik
mit Deckel

Steinzeug trifft man auch heute noch als Gartenkeramik, Wandfliesen, Blumen- und Ziergefäße sowie rustikales Geschirr (Abb. 2.2) und Trinkgefäße an.

▶ **Definition** Bei Steingut handelt es sich um einen dichten, tonkeramischen Werkstoff. Der Scherben kann grau, gelblich-braun, rötlich-braun oder nahezu schwarz in Abhängigkeit von den im Ton vorhandenen Verunreinigungen oder auch gezielt eingefärbt sein. Bruchstellen erscheinen weniger homogen und grobkristalliner als bei Porzellan. Die Erzeugnisse sind meist deckend, d. h. mit einer undurchsichtigen, farbigen Glasur versehen. Seltener findet man transparente Glasuren, die die Farbe des Scherbens erkennen lassen. [1]

Eine ähnlich lang zurückreichende Tradition besitzen auch tonkeramische Baustoffe, z. B. Mauer- und Dachziegel sowie Wandverkleidungsplatten, Kacheln und Rohre. In das Bewusstsein der Öffentlichkeit haben sich vor allem Ziegel eingeprägt, die im „Alten" Rom mit ganz typischem Format, flacher als heute, hergestellt wurden. Sie werden auch heute noch in arabischen Ländern produziert. Wer das Pergamonmuseum in Berlin besucht hat, erinnert sich gewiss an das Ischtar-Tor mit Prozessionsstraße (etwa um 575 v. Chr.), die mit blau-, gelb-, braun- und grünglasierten und teilweise reliefierten Kacheln aus Keramik verkleidet bzw. geschmückt sind. Ofenkacheln aus *Majolika* oder *Fayence* erfreuen Schloss- und Museums-Besucher immer wieder.

▶ **Definition** Unter Majolika versteht man einen tonkeramischen Werkstoff, der dem Steingut ähnelt. Der Scherben ist porös, relativ feinkristallin und creme- bis gelbfarbig. Die in der Regel bleioxidhaltigen Glasuren können farblos transparent, weißgetrübt oder farbig sein. [1]

▶ **Definition** Im Unterschied dazu kommt Fayence dem Steinzeug näher. Der Scherben enthält zwar noch geschlossene Poren, ist aber dicht und meist farbig in Abhängigkeit von den Tonrohstoffen. Die Tore enthalten entsprechend der geringen damaligen Kenntnisse zu Lagerstätten sehr viel Kalk und auch färbende Oxide. Um Erzeugnisse zu erhalten, die ein bisschen dem Porzellan ähnelten, wurden die farbigen Scherben mit einer weißdeckenden Zinnglasur überzogen. Die Farbe des Scherbens sah man erst beim Bruch der Erzeugnisse. Heute bekennt man sich zu den verunreinigten Tonen als Spezifikum der Fayence.

Man stellte aber auch schon vor der Zeitenwende fest, dass sich tonige Rohstoffe, wenn sie der Hitze durch ein Feuer ausgesetzt werden, nicht nur in ein festes Produkt umwandeln, sondern dass diese Erzeugnisse selbst auch hohe und höchste Temperaturen aushalten können. Es lag nahe, geformte Steine und ungeformte Massen aus spezieller Tonen, die erst oberhalb von 1300 °C deformieren, als Ofenbaustoffe einzusetzen. Erweichen solche Tone erst oberhalb 1500 °C, werden sie heute als feuerfest bezeichnet.

Schon vor über 2000 Jahren beobachtete man die geringe Korrosionsanfälligkeit der verschiedenen Keramikerzeugnisse. Man registrierte

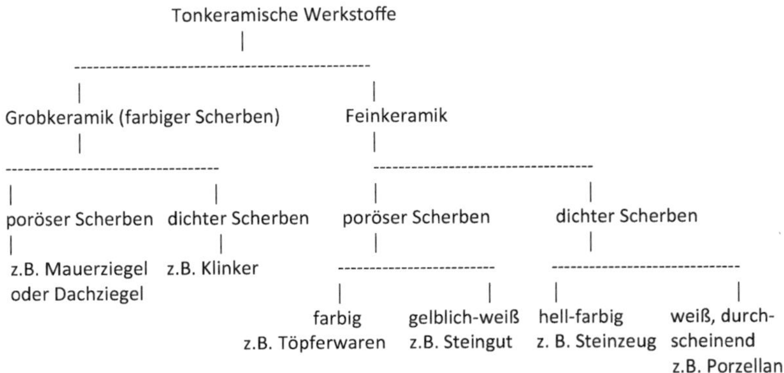

Abb. 2.3 Beispiele für Tonkeramik

weiterhin, dass es dichte und poröse Keramiken mit unterschiedlichen Eigenschaften gibt. Dichte Keramiken waren wegen ihrer Undurchlässigkeit gegenüber Flüssigkeiten als Gefäße für die Aufbewahrung von festen und flüssigen Stoffen geeignet. Vor allem bei etwas niedrigeren Temperaturen gebrannte Keramiken besaßen aber noch eine relativ hohe offene oder Durchgangsporosität wie ein Schwamm. Strömt Wasser durch die Kanälchen und verdampft an der Erzeugnisoberfläche, entsteht Verdampfungskälte, die zu einem Kühleffekt führt. Ein entsprechendes Gefäß eignete sich damit für die Aufbewahrung von verderblichen Flüssigkeiten. Es ist noch gar nicht lange her, dass Brot in solchen Gefäßen aufbewahrt wurde. Wegen ihrer Feuerbeständigkeit kamen Keramiken auch als Kochgefäße zum Einsatz.

Man machte aber auch unangenehme Erfahrungen mit der Bruchempfindlichkeit der verschiedenen Keramiken.

An den Ober- und Bruchflächen fiel auf, dass die durch Formen und Brennen aus tonigen Rohstoffen entstandenen Erzeugnisse entweder einen feinkörnigen (Feinkeramik) oder einen eher grobkörnigen (Grobkeramik) Scherben besitzen können. Da man in sehr frühen Zeiten tonige Rohstoffe nicht durch Schlämmen von grobkörnigem Material trennte und gröberkörniges Material noch nicht zerkleinerte, war der Keramiker der Frühzeit nicht in der Lage, die Körnung des Scherbens gezielt einzustellen.

Abbildung 2.3 zeigt eine stark vereinfachte Gliederung der verschiedenen Tonkeramiken.

2.2 Technische Anwendungsfelder zwischen 1850 bis 1950

2.2.1 Tendenzen in der Entwicklung keramischer Werkstoffe

Bei der auf reiner Erfahrung beruhenden Kenntnis blieb es lange. Erst als neue technische Entwicklungen ab Mitte des 19. Jahrhunderts nach neuen Werkstoffen verlangten, untersuchte man bekannte Ton-Keramikwerkstoffe auf weitere Eigenschaften. Außerdem entwickelte man gezielt Keramiken mit bisher unbekannten Zusammensetzungen. Auf tonige Erden wurde teilweise oder ganz verzichtet. Zu den damals neuen Keramikwerkstoffen zählten spezielle Silikat-Keramiken (Kap. 4), Oxid-Keramiken (Kap. 5) und Nichtoxid-Keramiken (Kap. 6). Der Einstieg in die technische Nutzung erfolgte mit sehr unterschiedlichen Keramik-Werkstoffen: technisches Porzellan, Grafit, Siliziumkarbid-, Korund- und Steatit-Keramiken.

2.2.2 Neue Einsatzgebiete für Porzellan

Das seit 1709 in Meißen hergestellte Porzellan (Abschn. 2.1) weist Eigenschaften auf, die über reichlich ein Jahrhundert nicht erkannt und in ihrer Kombination nicht genutzt wurden. Es ist nicht nur weiß und für Gase dicht, sondern bis etwa 1000 °C mechanisch stabil, äußerst korrosionsfest (außer gegen Flusssäure) und elektrisch isolierend.

Die ersten technischen Anwendungen von Porzellan erfolgten unter Nutzung seiner chemischen Beständigkeit zunächst als Laborgeräte, vor allem als großvolumige Becher, Kannen und auch als Mörser. Mit der Entwicklung der Elektrotechnik und der Suche nach geeigneten elektrischen Isolierstoffen setzte Werner von Siemens erstmalig im Jahr

1849 auf Telegrafenleitungen Niederspannungsisolatoren ein. Es folgten Hochspannungsisolatoren aus Porzellan auf Freileitungen, in Transformatoren und Kraftwerksanlagen.

2.2.3 Erste Nichtoxid-Keramiken

Eine Mischkeramik aus Grafit (reiner Kohlenstoff) und Schamotte (sie enthält vor allem Al_2O_3 und SiO_2) kannte man bereits zu Beginn des 16. Jahrhunderts. Sie wird noch heute als Tiegel zur Metallschmelze und für die Auskleidung metallurgischer Öfen eingesetzt.

Zum Ende des 19. Jahrhunderts entwickelte man keramische Werkstoffe mit einem spezifischen elektrischen Widerstand *zwischen* dem von metallischen Leitern und elektrischen Isolatoren. Sie fanden beispielsweise als Heizleiter in Glühlampen und auch in Öfen zur Erzeugung hoher Temperaturen Anwendung. Dazu gehören Erzeugnisse aus reinem Grafit, die wegen ihrer Herstellungsart zu den Keramiken gezählt werden.

Weiterhin wurde Siliziumkarbid (SiC), das wie der Grafit keinen Sauerstoff enthält, auf seine Eigenschaften und Möglichkeiten zur Herstellung kompakter Erzeugnisse untersucht. Im Ergebnis entstand Siliziumkarbid-Keramik. In ihrer ursprünglichen Zusammensetzung und Kristallgröße ist sie bereits seit 1891 bekannt. Heute produziert man SiC-Werkstoffe in verschiedenster chemischer Zusammensetzung und Korngröße sowohl als Massenwerkstoff als auch bei entsprechender Dotierung als sehr feinkristallines High-Tech-Material.

Aus der Porosität, der für einen Keramikwerkstoff *hohen* Wärmeleitfähigkeit bei 1100 °C und vor allem der *niedrigen* Wärmedehnung lässt sich ableiten, dass für die sehr frühzeitige Anwendung von Siliziumkarbid-Keramik als Feuerfestmaterial in Industrieöfen nicht nur das Fehlen von Sauerstoff, sondern auch die *gute* Temperaturwechselbeständigkeit ausschlaggebend waren. Weiterhin fällt der spezifische elektrische Widerstand – im Unterschied zu Metallen – mit steigender Temperatur.

Seit etwa 100 Jahren wird relativ grobkörniges Siliziumkarbid auch als *Schleifwerkzeug* (Schleifscheiben, Fräser, loses Korn) eingesetzt. Siliziumkarbid zeigt sich hier als mechanisch hervorragend abriebfestes

Material bei gleichzeitig hoher Temperaturstabilität, was für die Trennvorgänge eine große Rolle spielt.

Siliziumkarbid-Keramik sieht in Abhängigkeit von ihrer Zusammensetzung schwarz, grau-glänzend, grünlich oder – als hochreiner Einkristall – auch gelblich aus. Ausführlich informiert Abschn. 6.2 über Siliziumkarbid-Keramik.

2.2.4 Technische Keramik mit hohem Aluminiumoxid-Anteil

Ein weiterer wichtiger Keramikwerkstoff, der im ersten Drittel des vorigen Jahrhunderts zur Produktionsreife für technische Anwendungen gelangte, ist Tonerde-Keramik. Tonerde- oder Korund-Keramik besteht aus reinen α-Al_2O_3-Kristallen, die in der Natur als Mineral Korund vorkommen. Sie gehört in die große Gruppe der Oxidkeramiken (Abschn. 5.2). Alle technisch interessanten Eigenschaften des Porzellans findet man in verbesserter Form in der Korund-Keramik wieder. Deshalb verwundert es auch nicht, dass die Porzellan-Isolierkörper von Zündkerzen bald durch Korund-Keramik abgelöst wurden. Natürlich ist sie teurer als Porzellan. Bis knapp 2000 °C mechanisch stabil, bis weit über 1000 °C elektrisch isolierend und chemisch beständig mit deutlich höherer Festigkeit als Porzellan, ist Korund-Keramik auch heute noch unersetzbar.

Wie Siliziumkarbid-Keramik wird auch Korund-Keramik seit etwa 80 Jahren wegen ihrer Verschleiß- und Hochtemperaturbeständigkeit für Schleifkörper aller Art eingesetzt. Die Kristallphase ist extrem hartes α-Al_2O_3. Im Unterschied dazu besteht Polierweiß, ein sehr feines, weißes Pulver, aus γ-Al_2O_3.

Korund-Keramikerzeugnisse sehen meist rein weiß aus. Sie werden nicht glasiert. Seltener findet man mit Eisen- und Manganoxid als Flussmittel dotierte und deshalb braune Korund-Werkstoffe.

Noch vor dem 2. Weltkrieg wurde auch Steatit-Keramik (Abschn. 4.3) entwickelt. Sie weist eine höhere mechanische Festigkeit und einen deutlich geringeren dielektrischen Verlustfaktor als Porzellan auf. Eine spektakuläre Anwendung bestand im Sockel für den Sendemast von Radio Königs-Wusterhausen bei Berlin.

2.3   Entwicklung keramischer Werkstoffe seit 1950

2.3.1   Zusammenhang zwischen chemischer Zusammensetzung, Herstellungsverfahren, Struktur und Eigenschaften von Keramik-Werkstoffen

Nach dem 2. Weltkrieg setzte mit der rasant fortschreitenden technischen Entwicklung ein Bedarf an Werkstoffen mit bisher unüblichen Eigenschaften sowie deren Kombinationen und damit eine nahezu explosionsartige Erforschung von Keramikwerkstoffen ein. Das betraf vor allem die chemische und kristallografische Zusammensetzung. Gleichzeitig ging es um die gezielte Beeinflussung der Struktur der Keramiken durch verfahrenstechnische Maßnahmen.

▶ **Definition** Unter der Struktur eines Keramikwerkstoffes versteht man die Anordnung von nano-, mikro- und gelegentlich auch mm-großen Kristallen, Poren sowie amorphen Anteilen zueinander. Sie kann isotrop oder auch anisotrop sein. Bei einer isotropen Struktur weisen die Kristallphasen, die amorphe Phase und auch die Poren keine geometrische Vorzugsrichtung auf. Sie liegen ungerichtet vor. Im Unterschied dazu spricht man von einer anisotropen Struktur, wenn die Bestandteile des Keramikwerkstoffes eine geometrische Vorzugsrichtung besitzen.

Meist wirkt sich eine geometrisch anisotrope oder isotrope Struktur auch auf die Eigenschaften der Keramikwerkstoffe aus. Auch sie können richtungsunabhängig oder richtungsabhängig sein.

Zwischen der chemischen Zusammensetzung, den Verfahren zur Herstellung der Keramik-Werkstoffe, ihrer Struktur und ihren Eigenschaften bestehen enge Zusammenhänge. Basierend auf der chemischen Zusammensetzung, beeinflussen die Herstellungsverfahren die Struktur und diese wiederum die Eigenschaften der Erzeugnisse. Es entstand eine kaum noch überschaubare Anzahl von Keramikwerkstoffen, die alle Elemente des Periodischen Systems der Elemente (außer Quecksilber) in irgendeiner Form enthalten können. In der Vielzahl der verfügbaren Werkstoffe unterscheiden sich die Keramiken grundsätzlich nicht von den Metallen und Legierungen sowie Kunststoffen.

2.3.2 Neue Keramiken auf Silikat-Basis

Bei den neuen Keramikwerkstoffen handelte sich einerseits um nach wie vor silikatische Zusammensetzungen mit SiO_2 als Hauptbestandteil, wobei aber die tonigen Rohstoffe in den Hintergrund traten. Hinzu kamen neben Al_2O_3 und K_2O aus den traditionellen Porzellanrohstoffen auch MgO, CaO, BaO und in Ausnahmefällen Li_2O. Es entstand die Gruppe der hoch SiO_2-haltigen Silikat-Keramiken (Kap. 4).

Zu diesen neuen silikat-keramischen Werkstoffen gehört Cordierit-Keramik (Abb. 2.4) mit einem niedrigen thermischen Ausdehnungskoeffizienten und dadurch geringer Temperaturwechselempfindlichkeit (Abschn. 4.4).

Aber auch Mullit-Keramik (Abschn. 4.5), die ausschließlich aus Al_2O_3 und SiO_2 besteht, wurde wegen ihrer hohen Feuerfestigkeit bei gleichzeitig hohem spezifischem elektrischem Widerstand und wegen ihrer hohen chemischen Resistenz entwickelt.

2.3.3 Keramiken mit speziellen magnetischen und elektrischen Eigenschaften

Schon während des 2. Weltkriegs entstanden Keramikwerkstoffe auf der Basis von Eisen-, Nickel- und Manganoxid. Wegen ihrer färbenden Wirkung waren diese Oxide als Verunreinigungen bisher in Keramiken tabu. Sie führten aber als Hauptrohstoffe zu völlig neuen Anwendungsfeldern z. B. in schwarzen, magnetischen Keramikwerkstoffen für die Elektrotechnik. Weichmagnete wurden auf der Basis von Eisen-, Mangan-, Nickel- und Zinkferrit produziert. Bestand der Keramikwerkstoff aus Barium- und/oder Strontium- und Eisenoxid, erhielt man Hartmagnete. Die Magnet- bzw. *Ferrit*-Keramik kam seit den 50er Jahren auf den Markt [2]. Der Grund für ihre sehr schnelle Einführung in die industrielle Nutzung bestand nicht so sehr in der erreichbaren Magnetisierung, sondern in der gleichzeitig geringen elektrischen Leitfähigkeit. Das führte bei Einsatz der Magnete in elektrischen Wechselfeldern zu sehr geringen Verlusten. Gleichzeitig besitzen sie eine hohe Curie-Temperatur. Damit bezeichnet man die Temperatur, bei der die Werkstoffe ihre ausgezeich-

Abb. 2.4 Unterschiedliche Cordierit-Keramikbauteile mit komplizierter Geometrie. Der Handelsname ist Pyrolit (Veröffentlichung mit freundlicher Genehmigung der Paul Rauschert Steinbach GmbH)

neten magnetischen Eigenschaften verlieren. Des Weiteren sind Ferrit-Keramiken oxidationsunempfindlich, so dass sie sich für den Einsatz unter extremen klimatischen Bedingungen eignen.

Beispiel

In der Anfangsphase der Rechentechnik wurden Magnetkernspeicher auf der Basis einer Matrix von kleinen, untereinander verdrahteten Ringen aus weichmagnetischer Keramik hergestellt. Heute finden sich keramische Hartmagnete u. a. in den meisten Kleinmotoren.

In der Produktion musste man lernen, die Fertigungslinien von „weißer" und „schwarzer" Keramik strikt voneinander zu trennen, da jeweils das andere Material als extrem störende Verunreinigung wirkt (Abschn. 5.5).

Keramiken auf der Basis von Titandioxid (TiO_2) wurden besonders wegen ihrer hohen dielektrischen Permittivität (Durchlässigkeit) hergestellt. Ihr Hauptanwendungsgebiet waren zunächst Kondensatoren. Der Werkstoff wurde, weil in ihm das TiO_2 in der Kristallphase „Rutil" vorliegt, als *Rutil*-Keramik bezeichnet (Abschn. 5.4.1). Man erkannte sehr schnell, dass man durch Zusätze von z. B. MgO, BaO, La_2O_3, Nb_2O_5 oder WO_3 die elektrischen Eigenschaften der Rutil-Keramik in weiten Grenzen verändern kann. Ausgehend von *dielektrischen* entstanden *ferroelektrische* Werkstoffe, die vielfach auch *piezoelektrisches* Verhalten zeigen. Das bedeutet, dass bei Anlegen eines elektrischen Feldes eine reversible Längenänderung in Richtung der kristallografischen c-Achse erfolgt.

Beispiel

Diese mechano-elektrische Umwandlung führte beispielsweise zu Drucksensoren, die elektro-mechanische Umwandlung zu hochpräzisen Schrittantrieben mit nur geringen Stellwegen. Das hat heute eine erhebliche Bedeutung im Fahrzeugmotorenbau erlangt (Abb. 2.5).

Es schlossen sich Entwicklungen an, die bald auch Zirkonium- und Bleioxid integrierten, deren wirtschaftliche Bedeutung, z. B. im Fahrzeugbau, man aber erst heute richtig ermessen kann.

Vor allem für elektrisch halbleitende Keramiken und auch solche, die opto-elektrische Effekte zeigen, kamen in der Folgezeit auch Tantal- und Nioboxid oder auch die Oxide der Seltenen Erden zur Anwendung.

Einen völlig eigenständigen Verlauf nahm die Entwicklung der Nichtoxidkeramiken. Sie können Karbide, Nitride, Boride und Silizide sein. Zunächst ging es um Keramikwerkstoffe mit erhöhter mechanischer Festigkeit und verbesserter Schadenstoleranz. Weiterhin zeigten einige von ihnen überraschende elektrische Eigenschaften. Sie können wie ein Metall elektrisch leiten, z. B. Titandiborid (Abschn. 6.7), sich wie ein Halbleiter verhalten, z. B. Siliziumkarbid (Abschn. 6.2), oder auch den elektrischen Strom hervorragend isolieren, wie z. B. kubisches Borni-

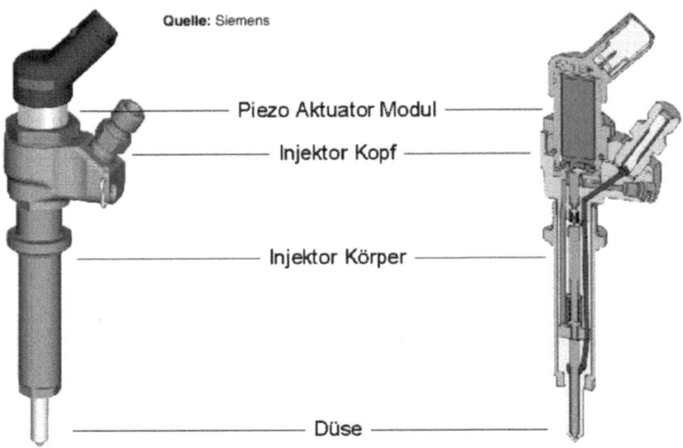

Abb. 2.5 Piezo-Inline-Injektor für die Dieseldirekteinspritzung (Veröffentlichung mit freundlicher Genehmigung des HvB-Verlags Ellerau: Technische Keramische Werkstoffe, 77. Erg.-Lfg., Hrsg. J. Kriegesmann)

trid (Abschn. 6.6.2). Die Entwicklung dieser Werkstoffe verlief parallel mit der Verfügbarkeit von Verfahren, die unter Vakuum oder Schutzgas arbeiten – von der Rohstoffherstellung bis zum Fertigprodukt.

2.3.4   Übersicht über Einsatzgebiete von Keramik-Werkstoffen

Abbildung 2.6 zeigt, wie vielfältig sich Keramik-Werkstoffe im technischen Sektor angesiedelt haben. Die Übersicht enthält viele Lücken und auch Überschneidungen, was aber in Kauf genommen werden muss, um die Übersichtlichkeit zu gewährleisten. Die Auflistung der Anwendungen erfolgte ohne ganz konkrete Zuordnung zu einer speziellen Keramik, da die Aussagen in der Regel für mehrere Werkstoffe zutreffen. Entsprechend dieser Übersicht werden in den Kapiteln 4, 5 und 6 nacheinander Silikat-Keramiken, Oxid-Keramiken und Nichtoxid-Keramiken behandelt. Darüber hinaus sind hier auch verschiedene Verbundwerkstoffe zu nennenden. Sie enthalten häufig keramische Bestandteile als Matrix, Fasern oder Partikeln.

Anwendungen

Bezeichnung	chemische Bestandteile	Zuordnung	Anwendung
Silikatkeramik	SiO_2, Al_2O_3. MgO, BaO, K_2O	Silikate einschl. Ton-Keramik	Isolatoren, Chemieanlagen, Hochtemperatur-werkstoffe
Oxidkeramik	Al_2O_3, TiO_2, Fe_2O_3, ZrO_2, MgO, La_2O_3, V_2O_5	Oxide, außer SiO_2	Hochtemperatur-werkstoffe, Ferroelektika Ferromagnetika, Implantate, opto-el. Wandler Katalysatoren
Nichtoxidkeramik	SiC, TiC, TaC Si_3N_4, AlN, BN, TiN $MoSi_2$ TiB_2	Karbide Nitride Silizide Boride	Verschleißmaterial Feuerfest-Keramik Heizleiter opto-el. Bauelemente Substrate Schutzrohre Tiegel Spezielle Schichten
Verbundkeramik	Al_2O_3-Partikeln in Glas WC-Partikeln in Co C-Fasern in SiC-Matrix TiC-Partikeln in Nb ZrO_2-Partikeln in Ti		Schleifscheiben Hart„metalle" bruchtolerante Faserverbunde Cermets mit geringer Gleitreibung hochtemperaturbe-ständige Verbundwerkstoffe

Abb. 2.6 Einteilung der verschiedenen Keramikwerkstoffe für technische Anwendungen

Literatur

1 Heuschkel, H., Heuschkel, G., Muche, K.: ABC Keramik, 2. Aufl. VEB Deutscher Verlag für Grundstoffindustrie, Leipzig (1990)

2 Haase, Th.: Keramik, 2. Aufl. VEB Deutscher Verlag für Grundstoffindustrie, Leipzig (1968)

3.1 Bildsame und unbildsame Rohstoffe

3.1.1 Tonige Rohstoffe

Für die Herstellung von formbaren keramischen Massen kommen bildsame und unbildsame Rohstoffe zur Anwendung. Zu den bildsamen, d. h. unter Zugabe von Wasser formbaren Rohstoffen gehören Tone und Kaoline.

▶ **Definition** Tone und Kaoline bestehen aus μm-feinen sogenannten Tonmineralteilchen. Das sind verschiedene Schichtminerale, deren Schichtpakete aus 2 oder 3 Schichten durch relativ schwache Nebenvalenzbindungen zusammengehalten werden. Kommen diese Teilchen mit Wasser in Berührung, dringt es zwischen die Schichtpakete. Schon mit geringen Kräften, z. B. auf der Töpferscheibe, kann man die Schichtpakete gegeneinander verschieben, ohne dass ihr Zusammenhang verloren geht. Dadurch lassen sich die Rohstoffe formen. Man spricht von Formgebung. Die Schichtpakete gleiten quasi auf dem zwischengelagerten Wasser. Tone und Kaoline sind in geologischen Zeiten durch Verwitterung von Feldspäten und Glimmern entstanden. Haben sich die Verwitterungsprodukte nicht von der ursprünglichen Lagerstätte entfernt, entsteht der etwas gröberkörnige ($< 10\,\mu m$) Kaolin. Er ist nur wenig oder gar nicht durch die Keramikwerkstoffe färbende Komponenten verunreinigt. Wurden die Verwitterungsprodukte dagegen vom Ort ihrer Entstehung fortgespült, entstanden feinere Teilchen ($< 2\,\mu m$) bei

© Springer-Verlag Berlin Heidelberg 2014
D. Hülsenberg, *Keramik*, Technik im Fokus. DOI 10.1007/978-3-642-53883-4_3

gleichzeitiger Aufnahme von färbenden Komponenten, die Tone. Lehme sind Tone, die einen spürbaren Anteil an Kalk und auch Sand enthalten.

Abbildung 3.1 zeigt vereinfacht, wie man sich das Tonmineral Kaolinit vorstellen muss. Er bildet die wichtigste Kristallphase in Kaolinen und Tonen. Man erkennt, dass die Si^{4+}-Kationen tetraedrisch von 4 Sauerstoffanionen O^{2-}, die Al^{3+}-Kationen oktaedrisch von 6 Sauerstoffanionen O^{2-} und OH^--Gruppen umgeben sind. Die Bindung zwischen diesen beiden Schichten wird durch die Sauerstoffanionen gewährleistet. Sie ist so stabil, dass sie bei der bildsamen Formgebung keine Rolle spielt. Diese beiden Schichten verschieben sich *nicht* gegeneinander (2-Schicht-Gitter). Anders verhält es sich mit der Bindung zwischen diesen *Doppel*schichten. Hier stehen sich O^{2-}- und OH^--Gruppen gegenüber. Beide sind elektrisch negativ geladen. Sie sollten sich abstoßen. Das wird durch Wasserstoffbrückenbindungen und gegebenenfalls zwischengelagerte Kationen zur Kompensierung von Restladungen verhindert. Es verbleibt eine Restbindung, die den Zusammenhalt der Schichtpakete während der Formgebung gewährleistet.

Alle natürlich vorkommenden, tonigen Rohstoffe sind mit unbildsamen Rohstoffen unterschiedlicher Zusammensetzung und Menge gemischt bzw. verunreinigt. Um definierte Verhältnisse bei der Zusammensetzung der Ton-Keramiken zu schaffen, werden die Rohstoffe in Wasser suspendiert. Die Suspension wird in der Keramiktechnologie *Schlicker* genannt. Durch Nutzung der unterschiedlichen Eigenschaften (Dichte, elektrische Ladungen, Oberflächenspannung) der Rohstoffteilchen kann man während der Aufbereitung der natürlich vorkommenden Rohstoffe die bildsamen und die unbildsamen Rohstoffanteile voneinander trennen. Die unbildsamen Rohstoffkörner setzen sich am Boden des Reaktionsgefäßes ab. Die Tonmineralteilchen verbleiben dagegen in der Suspension, die man anschließend entwässert. Der entstehende *Kuchen* wird schonend zerkleinert, so dass die bildsamen Rohstoffe als trockenes Pulver mit definierten Eigenschaften im Keramikbetrieb angeliefert werden.

Abb. 3.1 Schematischer Aufbau der Schichtpakete in einem Kaolinitgitter (Veröffentlichung mit freundlicher Genehmigung des Thieme-Verlags Stuttgart [1, Stichwort „bildsame Rohstoffe", Abb. 1])

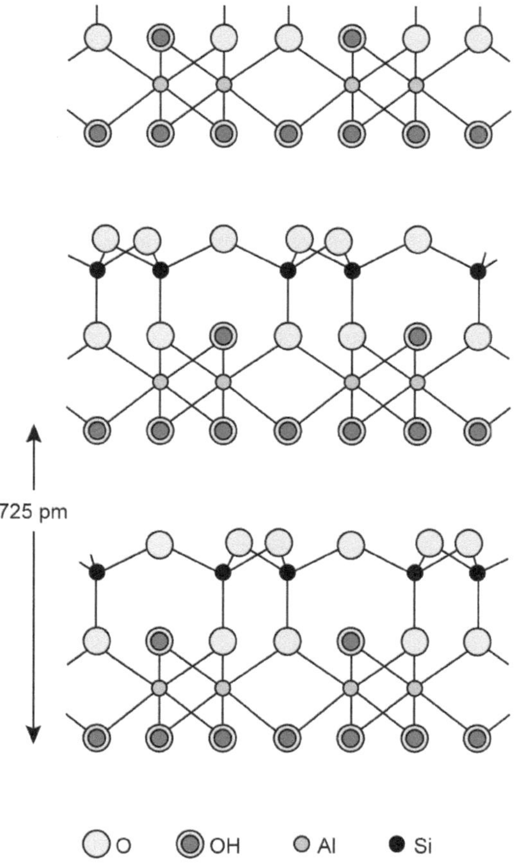

3.1.2 Unbildsame Rohstoffe, synthetische Pulver

Damit sich die Keramikrohlinge während des Trocknens sowie Brennens nicht verziehen und damit sich beim Brennen in Ton-Keramiken (Kap. 2) und Silikat-Keramiken (Kap. 4) schon bei relativ niedrigen Temperaturen Schmelzanteile bilden (Abschn. 3.4), muss die Masse unbildsame Rohstoffe enthalten. Das ist bei bergbaulich gewonnenen Tonen und Kaolinen, wie eben gesagt, natürlicherweise der Fall. Die Mengenverhältnisse variieren aber von Lagerstätte zu Lagerstätte. Deshalb wurden schon seit frühen Zeiten zur Herstellung qualitativ hochwertiger Keramiken aus den Tonen und Kaolinen durch Schlämmen die unbildsamen Rohstoffe separiert und anschließend in definierten Relationen wieder zugemischt.

Bei diesen unbildsamen Rohstoffen handelt es sich in erster Linie um Sande und Feldspäte. Aber auch Kalk und gelegentlich Gips spielen eine Rolle. Sowohl in den tonigen Rohstoffen als auch auf eigenen Lagerstätten weisen die unbildsamen Anteile eine deutlich gröbere Körnung als die bildsamen auf. Die unbildsamen Rohstoffe müssen demnach durchweg zerkleinert und klassiert werden, damit das gewünschte Körnungsband entsteht. Es handelt sich um mehrstufige Prozesse, die wie für die bildsamen Rohstoffe bei den Rohstofflieferanten ablaufen. Die unbildsamen Rohstoffe werden als trockene Pulver gewünschter Korngröße in die Keramikbetriebe geliefert.

Während zu Beginn des 20. Jahrhunderts die bildsam formbare Ton-Keramik vorherrschte, enthalten die zu formenden Massen zur Herstellung von Oxid-Keramiken (Kap. 5) und Nichtoxid-Keramiken (Kap. 6) nahezu ausnahmslos nur noch unbildsame Bestandteile. Man bezeichnet sie auch als unplastische Rohstoffe. Sie werden ausschließlich durch chemische Prozesse bei definierten (auch hohen) Temperaturen und Drücken erzeugt. Sie können sehr rein oder gezielt dotiert sein. Bei den Dotanden handelt es sich um zugemischte, anorganisch-chemische Bestandteile in geringen Mengen, die die Eigenschaften und das Brennverhalten der Keramik-Werkstoffe beeinflussen. Die Dotierung erfolgt häufig bereits im chemischen Prozess. Zu diesen chemisch hergestellten Rohstoffen gehören u. a. Zirkoniumoxid, Aluminiumoxid, Eisenoxid, Bariumoxid, Siliziumkarbid oder Siliziumnitrid.

Beispiel

Als Beispiel für einen solchen chemischen Prozess dient das Bayer-Verfahren für die Herstellung von Al_2O_3-Pulver (Abb. 3.2).

Bergmännisch gewonnener Bauxit ist der Ausgangsstoff. Neben Al_2O_3 enthält er weitere Substanzen, wie vor allem Fe_2O_3, TiO_2 und auch SiO_2. Das Verfahren basiert letztlich auf der unterschiedlichen chemischen Löslichkeit der verschiedenen Oxide in NaOH (Natronlauge). Die Aluminiumkationen bilden nach einem Löseprozess mit der Natronlauge unlösliche Natriumhydroaluminate. Die anderen

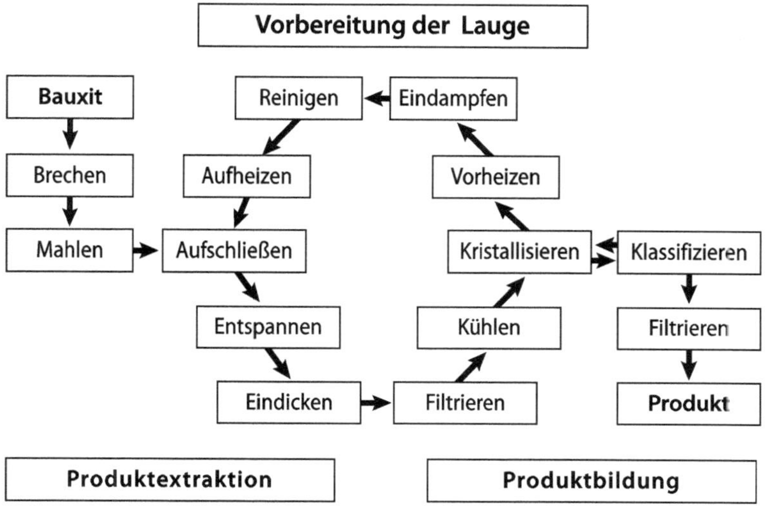

Abb. 3.2 Schematische Darstellung der Herstellung von Al_2O_3-Pulver aus Bauxit nach dem Bayer-Verfahren (Veröffentlichung mit freundlicher Genehmigung des Vulkan-Verlags [2, S. 200, Bild 34])

Bestandteile lösen sich nicht. Beides kann man separieren. Über verschiedene anschließende chemische, thermische und mechanische Prozessstufen erhält man Al_2O_3 als Pulver gewünschter Korngröße. Das Verfahren eignet sich zur Herstellung größerer Rohstoffmengen.

Beispiel

Ein schon um 1900 für die Herstellung großer Mengen von SiC-Pulver geeignetes Verfahren geht auf Acheson zurück (Abb. 3.3).

Das Verfahren mutet ein wenig archaisch an, da es im Freien stattfindet. Es handelt sich um einen carbo-thermischen Vorgang, bei dem Grafit (C) mit Sand (SiO_2) zu Siliziumkarbid (SiC) und Kohlenmonoxid (CO) reagiert. Die Reaktion findet bei $T > 2000\,°C$ statt. Die thermische Isolierung nach außen erfolgt nicht durch eine Ofenwandung, sondern durch die Schüttung der gemischten Rohstoffe direkt. Sie verhindert auch einen Luftzutritt von außen. Die hohe Temperatur

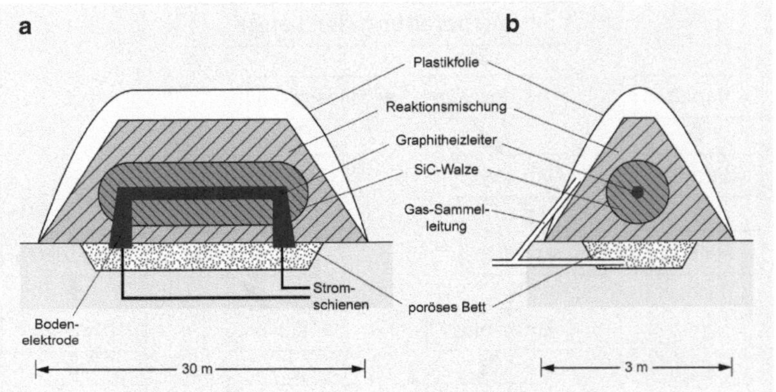

Abb. 3.3 Prinzipskizze für eine Variante des Acheson-Verfahrens zur Herstellung von Siliziumkarbid (Veröffentlichung mit freundlicher Genehmigung des Thieme-Verlags Stuttgart [1, Stichwort „Siliciumcarbid-Keramik", Abb. 1])

wird durch einen Grafitstab als Heizleiter erzeugt. Das bei der Reaktion entstehende CO wird aufgefangen und weggeführt. In Abhängigkeit vom Abstand vom Grafitstab findet die Reaktion abnehmend vollständig statt. Man erhält SiC-Kristalle unterschiedlicher Perfektion und nicht reagiertes Material, das bei einer neuen Charge wieder als äußere Schüttung verwendet wird. Nach Abtrennung der äußeren Schüttung verbleibt eine große SiC-Walze, die erst grob, dann fein zerkleinert wird, bis die für die Keramikherstellung erforderliche Körnung erreicht ist.

Zu den Verfahren, nach denen man vor allem hochreine oder auch gezielt dotierte synthetische Rohstoffe herstellt, gehören Lösungs- und Fällungsprozesse (Präzipitation), Hydrothermalverfahren, das Sol-Gel-Verfahren, die Synthese aus reaktiven Lösungen, Kristallisationsprozesse aus Schmelzen, Synthese durch Kondensation oder Pyrolyse metallorganischer Vorstufen und die Synthese aus der Gasphase, die als chemische (CVD) oder physikalische (PVD) Abscheidungen (deposition) aus der Dampfphase (vapor) bekannt sind. Ausführlich kann man sich zu all diesen Verfahren in [3] informieren.

Alle Rohstoffe werden nach exakt definierten Lieferkriterien an die Keramikbetriebe geliefert. Fehlerhafte Rohstoffe lassen sich im keramischen Fertigungsprozess praktisch nicht korrigieren. Die Rohstoffeingangskontrolle ist deshalb der erste „Fertigungs"-Schritt direkt im Keramikbetrieb.

3.2 Aufbereitung keramischer Massen

3.2.1 Zielstellung und Möglichkeiten der Formgebung

▶ **Definition** Keramische Massen sind eine möglichst völlig homogene Mischung der nach einer Vorschrift abgewogenen Rohstoffe, Dotanden und Additive für die Herstellung der gewünschten Keramikerzeugnisse. Die Masse muss einerseits die notwendigen Bestandteile enthalten, um die angestrebte chemische und kristallografische Zusammensetzung des Keramik-Werkstoffs zu sichern. Andererseits muss sie eine für die vorgesehenen Formgebungsverfahren geeignete Konsistenz besitzen. Deshalb enthält sie Suspensionsmittel und weitere, meist organische Bestandteile (Additive), die in der Regel zusätzlich auch die für die Manipulierung erforderliche Festigkeit der Rohlinge garantieren. Durch geringe Mengen anorganischer Dotanden beeinflusst man das Sinterverhalten und die Werkstoffeigenschaften.

Die Formgebung (vergleichbar mit der Urformung) keramischer Massen erfolgt im niedrigviskosen, zähviskosen oder trockenen Zustand. Dem entsprechen die Formgebungsverfahren Gießen, Drehen/ Quetschen/Ziehen sowie Pressen mit vielen, teilweise sehr unterschiedlichen Ausführungsvarianten. Um das zu gewährleisten, müssen die Massen als gießfähiger Schlicker, bildsame/plastische Masse oder Granulat vorliegen.

Den verschiedenen Prozessen der Aufbereitung keramischer Massen liegen komplizierte physiko-chemische Vorgänge zugrunde, die an dieser Stelle nur ganz grob behandelt werden können. Es sei auf die ausführlichen Darstellungen z. B. in [2, 3, 4, 5, 6] verwiesen.

3.2.2 Oberflächenladungen

Alle Prozessschritte nutzen die Eigenschaft von Körnern bzw. Pulvern aus, an ihrer Oberfläche elektrische Ladungen zu generieren. Häufig spricht man auch in Abhängigkeit von ihrer Entstehung von Restladungen. In der Regel handelt es sich um die an der Oberfläche der Kristalle nicht kompensierten Ladungen der „abgebrochenen" Kristallgitter. Ihre Stärke variiert mit der chemischen Zusammensetzung der Rohstoffpartikeln, ihrer Korngröße und ihrer Kristallstruktur. Hinzu kommen weitere Ladungen, deren Grad von der Fehlordnung der Kristalle und davon abhängt, ob Ionen im Kristallgitter ungewollt oder gezielt durch andere ersetzt sind.

Die Restladungen werden grundsätzlich kompensiert. Liegt der Rohstoff völlig trocken vor, übernehmen Bestandteile der Luft diese Aufgabe. Sie lagern sich in Schichten an, die nur wenige Atom- oder Moleküllagen dick sind. Man nimmt sie im täglichen Leben nicht wahr.

Die Ladungskompensation kann aber auch durch die Oberflächenladung benachbarter Teilchen erfolgen, wobei es sehr unterschiedliche Ursachen dafür gibt. Es entsteht an der Berührungsstelle eine Bindung durch Adhäsion, häufig gekoppelt mit Nebenvalenzbindungen. Beide Vorgänge tragen dazu bei, dass einerseits feinste Pulverteilchen ungewollt agglomerieren, dass man aber auch andererseits gezielt Granulat herstellen kann und trockene Keramikrohlinge eine gewisse Festigkeit besitzen. Eine besondere Rolle spielt hierbei die Luftfeuchtigkeit.

In Suspensionen gestaltet sich die Entstehung und Kompensation der Restladungen deutlich komplizierter. Obwohl letztlich dieselben Vorgänge eine Rolle spielen, laden sich die Tonminerale, aus denen die Kaoline und Tone bestehen, weitaus stärker auf als die unplastischen oxidischen und nichtoxidischen Materialien. Da Letztere in der Regel hydrophob sind und auch aus chemischen Gründen nicht mit Wasser in Berührung kommen dürfen, herrschen hier besondere Bedingungen, siehe weiter unten.

Um die Tonmineralteilchen herum baut sich eine Wasser-Doppelschicht auf (Abb. 3.4). Sie besteht aus einem fest gebundenen und einem eher diffus an der Pulveroberfläche anhaftenden Teil des Wassers. Die Oberflächenladung wird in radialer Richtung abgebaut, bis sie völlig ver-

Abb. 3.4 Schematischer Aufbau einer Doppelschicht um Tonmineralteilchen zur Kompensation elektrischer Ladungen in Wasser [6, Bild 2.4]

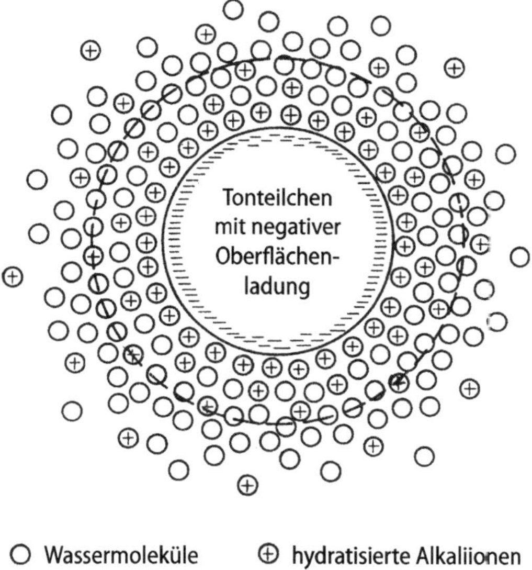

schwunden ist. Würde man ein einzelnes Tonmineralteilchen mit einer Pinzette fassen und durch das umgebende Wasser ziehen, dann erfolgte die Scherung an der Grenzfläche zwischen der fest und der eher locker anhaftenden Wasserschicht. Sie ist auf Abb. 3.4. durch den gestrichelt gezeichneten Kreis gekennzeichnet.

Unbildsame oxidische Rohstoffteilchen *hydratisieren* in Abhängigkeit von ihrer chemischen Zusammensetzung unterschiedlich stark. Es finden chemische Reaktionen mit dem Wasser statt. Al_2O_3 zum Beispiel bildet an der Teilchenoberfläche leicht Hydrate.

Für die Erklärung der Ladungsentstehung kann man aber auch die Coehn'sche Regel heranziehen. Sie basiert auf den unterschiedlichen Dielektrizitätszahlen (*Permittivität*) von Wasser und Pulverteilchen. Übersteigt die Dielektrizitätszahl des Suspensionsmittels (hier vor allem Wasser) die des Pulverteilchens, lädt sich die Teilchenoberfläche durch Ladungsseparation negativ auf. Im umgekehrten Fall resultiert eine positive Oberflächenladung. Unabhängig davon, ob sich eine positive oder negative Ladung auf der Teilchenoberfläche befindet, bildet sich auch in diesem Fall eine Doppelschicht aus einerseits fest und andererseits eher diffus angelagerten Wassermolekülen zur Ladungskompensation aus. Die Oberflächenladungen werden durch den p_H-Wert des Suspensionsmittels beeinflusst, worauf im folgenden Abschn. 3.2.3 eingegangen wird.

Sollen nichtoxidische Partikeln, wie Karbide oder Nitride, in einer Flüssigkeit suspendiert werden, ist im Fall von Wasser ebenfalls mit einer oberflächigen Hydratation der Teilchen, also mit chemischen Reaktionen, zu rechnen. Das ist in den meisten Fällen nicht erwünscht, da man in diesem Fall einen Keramik-Werkstoff herstellen will, der gerade keine Sauerstoff- und Wasserstoffionen enthält. Die zunächst erprobte Möglichkeit war, *organische Suspensionsmittel* zu verwenden. Die grundsätzlichen Zusammenhänge an der Grenzfläche ähneln denen für oxidische Materialien. Durch nicht kompensierte Oberflächenladungen der Kristalle und Fehlordnungen innerhalb der Kristalle entstehen Restladungen. Sie werden durch meist langkettige organische Moleküle kompensiert.

Da aber das Arbeiten mit organischen Flüssigkeiten besondere Vorkehrungen des Arbeits- und Brandschutzes erfordert, wurde sehr bald versucht, einen Weg zu finden, letztlich doch Wasser als Suspensionsmittel zu nutzen. Man lagert in diesem Fall an die Oberflächen nichtoxidischer Pulverteilchen polare organische Moleküle an, die mit der hydrophoben Seite auf den Pulverteilchen aufsitzen und mit der hydrophilen Seite zum Wasser zeigen. Dadurch werden die nichtoxidischen Pulverteilchen quasi ummantelt und kommen nicht direkt mit den Wassermolekülen in Kontakt.

3.2.3 Schlickerbereitung

Da man im Schlicker eine sehr homogene Mischung der Rohstoffteilchen untereinander erreichen kann und auch die bereits genannten Oberflächenladungen der Pulver abbaut, gehört heute die Schlickerbereitung in nahezu jeden Keramikprozess. Die Schlicker werden als Gießschlicker, als Vorstufe der plastischen Masse oder des Sprühgranulats, als Garnierschlicker und als Glasurschlicker eingesetzt.

Würde man ohne zusätzliche Hilfsmittel tonige Rohstoffe in den Schlickerzustand überführen wollen, benötigte man dazu etwa 50 %

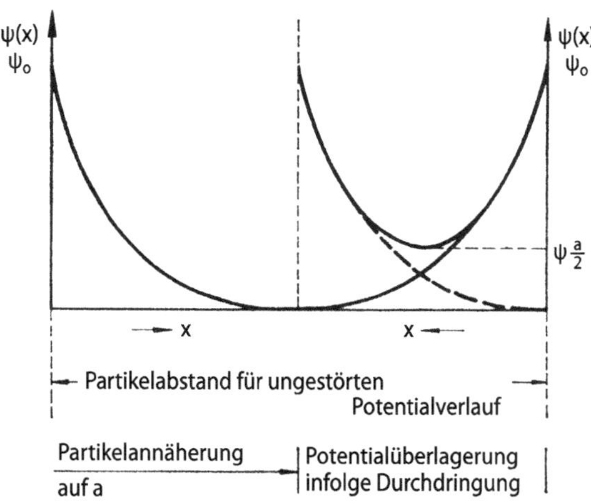

Abb. 3.5 Abstoßung bei Annäherung zweier Partikeln in einem Schlicker bis auf den Abstand a [6, Bild 2.8]

Wasser. Das ist für einen technischen Prozess zu viel. Um die Abstoßung der Pulverteilchen untereinander zu verstärken, was die Fließfähigkeit einer Suspension auch ohne hohen Wassergehalt verbessert, wird die elektrische Ladung in der Grenzschicht zwischen der fest und der eher diffus anhaftenden Wasser- bzw. Flüssigkeitshülle verstärkt. Dazu verwendet man z. B. Elektolyte, die im Wasser als dissoziierte Kationen und Anionen vorliegen. Die entstehende Ladung wird auch als ξ-(Zeta-) Potenzial bezeichnet.

Einen besonderen Einfluss übt der p_H-Wert aus. In Abhängigkeit von ihm kann sich das Pulver positiv oder auch negativ aufladen. Die Ladung verschwindet am sogenannten iso-elektrischen Punkt vollständig. Bei diesem p_H-Wert würde die elektrische Abstoßung verschwinden und eine Zusammenballung bzw. Koagulation der Pulverteilchen stattfinden. Meist strebt man aber ein Maximum des ξ-Potenzials an.

Je höher das ξ Potenzial ist, um so weniger Suspensionsmittel benötigt man, um einen niedrigviskosen, gut fließfähigen Schlicker zu erhalten. Weiterhin können die Elektrolyte und ähnlich wirkende Dispergatoren erst dann hilfreich sein, wenn durch erhöhte Feststoffkonzentration eine

Abb. 3.6 Schematische
Darstellung der Viskosität,
in Abhängigkeit von der
dem Schlicker zugesetzten
Elektrolytmenge
[6, Bild 3.8a]

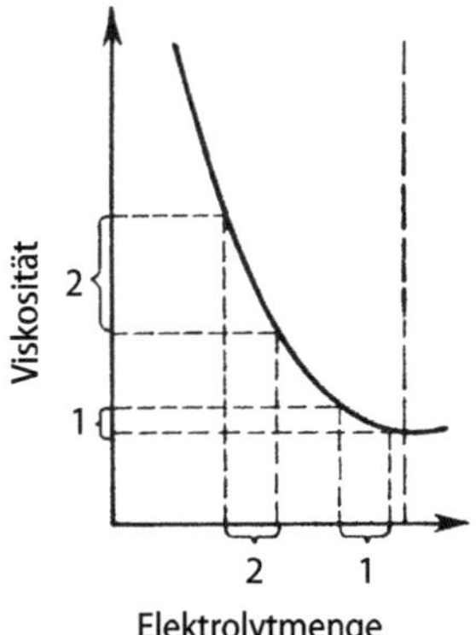

solche Annäherung der Partikeln im Schlicker vorliegt, dass sich ihre Doppelschichten durchdringen und damit eine abstoßende Wirkung durch nicht kompensiertes ξ-Potenzial auftritt (Abb. 3.5).

Zu den Elektrolyten gehören anorganische Substanzen vor allem für Tone und Kaoline, z. B. Soda und Wasserglas. Für oxidische Pulver nutzt man beispielsweise Oleate und Oxalate; für nichtoxidische Pulver die Dispergatoren Polyacrylat und Alkanolamin.

In der täglichen industriellen Praxis wird nicht das ξ Potenzial gemessen. Aufgrund der bekannten Abhängigkeiten des ξ Potenzials vom p_H-Wert erfasst man im Labor den leichter messbaren p_H-Wert bzw. die Menge des in den Schlicker gegebenen Dispersionsmittels. Abbildung 3.6 zeigt schematisch die Abhängigkeit der Viskosität eines Porzellanschlickers von der Zugabe an Elektrolyt.

Werden langkettige, polare, organische Moleküle als Dispersionsmittel und gleichzeitig zur Abschirmung nichtoxidischer Oberflächen gegenüber dem Suspensionsmittel Wasser verwendet, kann man sich die abstoßende Wirkung schematisch als Durchdringung der senkrecht an den Oberflächen der Teilchen anhaftenden Ketten vorstellen (Abb. 3.7). Man spricht von einer sterischen Abschirmung.

Die Herstellung der Schlicker erfolgt in sogenannten Lösequirlen durch Mischung der abgewogenen Rohstoffe mit dem Suspensionsmittel und den Dotanden sowie Additiven.

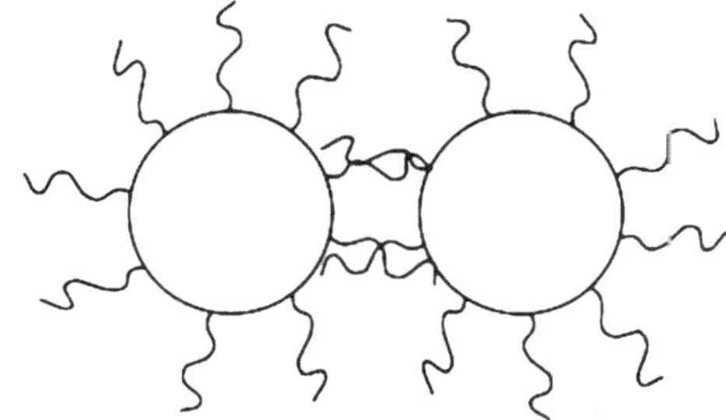

Abb. 3.7 Schema der sterischen Abschirmung von Pulverteilchen durch langkettige, organische Moleküle [3, Bild 349]

Die Viskosität des Schlickers wird weiterhin von den während der Formgebung wirkenden Kräften und der Zeit der Einwirkung beeinflusst. Die Abhängigkeit der zur Formung notwendigen Scherspannung τ verläuft nicht zwingend linear mit der Scherrate D, sondern sie kann einen progressiven oder degressiven Verlauf nehmen. Es kann auch eine Min-

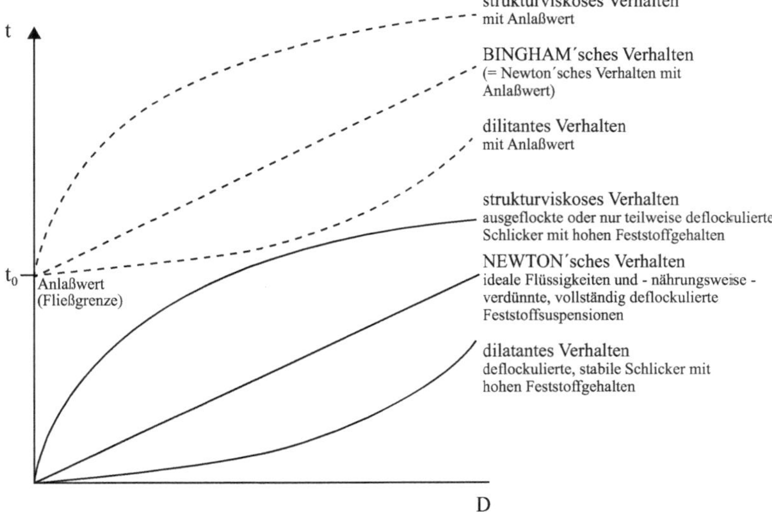

Abb. 3.8 Schema der Wechselwirkung zwischen Scherspannung und Scherrate [3, Bild 352]

dest-Scherspannung, ein sogenannter Anlasswert, notwendig sein, damit die Verformung überhaupt einsetzt. Eine Übersicht über die Kurvenverläufe zeigt Abb. 3.8. Detaillierteres zu Newtonschem Verhalten, dilatantem oder strukturviskosem sowie Bingham-Fließen kann man [2, 3, 5, 6] entnehmen. Dort wird auch z. B. das thixotrope Verhalten des Schlickers im Lösequirl erläutert. Bei der anschließend zu behandelnden Formgebung durch Gießen herrscht ein Fließen ohne Anlasswert vor. Bei der bildsamen Formgebung tritt zwingend ein Anlasswert auf.

3.3 Formgebung

3.3.1 Formgebung durch Gießen

Man gießt Erzeugnisse, die wegen ihrer Geometrie, z. B. nicht rotationssymmetrisch, großvolumig und mit einem großen Verhältnis von Höhe zu Durchmesser, gar nicht oder nicht kostengünstig gedreht oder gepresst werden können.

Das *traditionelle* Gießen in Gipsformen erfolgt an automatischen Gießbändern oder Gießtischen in Gipsformen. Es schließt die Schritte Zusammensetzung der Formenteile, Eingießen, Scherbenbildung, (bei Hohlguss) Ausgießen der überschüssigen Masse, weiteres kurzes Ansteifen des Scherbens und Entformen ein. Während der Scherbenbildung saugen Kapillarkräfte das Wasser aus dem Schlicker. Gleichzeitig bewegen sich die Rohstoffteilchen zur Formenwand. Sie lagern sich dort aneinander, d. h. sie koagulieren, wenn das Restwasser einen kritischen Wert unterschreitet.

Das anschließende Trocknen ist als selbstständiger Verfahrensschritt bei allen Rohlingen erforderlich, die mehr als etwa 5 Vol.-% Wasser enthalten, unabhängig vom Formgebungsverfahren. Auf das Trocknen wird hier nicht gesondert eingegangen.

Die getrockneten Rohlinge besitzen meist an den Formenschlussstellen Gießnähte oder Gießgrate, die maschinell (in der Ausnahme noch per Hand) durch Abkratzen oder schonendes Schleifen entfernt werden. Die traditionelle Gießtechnik wird in erster Linie für Ton-Keramik angewendet. Aber auch Erzeugnisse aus Al_2O_3 und andere oxidkeramische oder nichtoxidkeramische Produkte werden traditionell gegossen.

Diese Art des Gießens hat mehrere Nachteile. Dazu gehören die begrenzte Stärke des sich an der Formenwand bildenden Scherbens, weiterhin die notwendige Trocknung auch der Gipsformen und ihre relativ geringe Haltbarkeit vor allem an den Schließstellen der Formen. Außerdem reichern sich alle zuvor genannten, im Suspensionsmittel gelösten Substanzen in der Formenwand an. Es bestand somit das Ziel, Gipsformen durch poröse, haltbarere Formen zu ersetzen, an die von außen ein Vakuum angelegt werden kann, um das Suspensionsmittel aus dem Schlicker zu entfernen und die Scherbenbildung zu beschleunigen. Der Schlicker selbst steht unter Druck. Es entstand das *Druck*gießen. In der Regel nutzt man poröse Polyurethanformen.

Beispiel

Sanitärkeramikerzeugnisse (Waschbecken, Toilettenbecken) sind relativ dickwandige Erzeugnisse. Außerdem weisen sie eine beträchtliche Größe auf. Die Geometrie ist vielfältig und teilweise recht kompliziert. Erst das Druckgießen gestattet eine produktive Formgebung. Bei einer gegebenen Gießdauer steigt die Scherbenstärke mit der Wurzel aus dem angewendeten Druck. Ebenso erhöht sich bei gegebenem Schlickerdruck die Wandstärke des Erzeugnisses mit der Wurzel aus der Zeit. Man kann somit ein und dieselbe Scherbenstärke mit niedrigem Schlickerdruck und langer Gießzeit oder durch kurze Gießzeit bei hohem Druck erreichen. Der Produzent kann die für ihn optimalen Bedingungen einstellen.

Beispiel

Das Druckgießen wird häufig auch für die Formgebung nichtoxidischer Keramikerzeugnisse angewendet. Man hat den Vorteil eines völlig gekapselten Prozesses und kann organische Suspensionsmittel nutzen. Sie werden aus dem Scherben herausgefiltert und sofort an der Formenoberfläche abgeleitet. Die Formenwand kann leicht gereinigt werden.

Probleme entstanden, wenn flächige Erzeugnisse mit einem sehr geringen Höhe-zu-Durchmesser-Verhältnis hergestellt werden müssen, z. B. bei Substraten für leistungselektronische Schaltkreise oder auch bei aktiven oder passiven Keramikbauelementen für die Mikroelektronik.

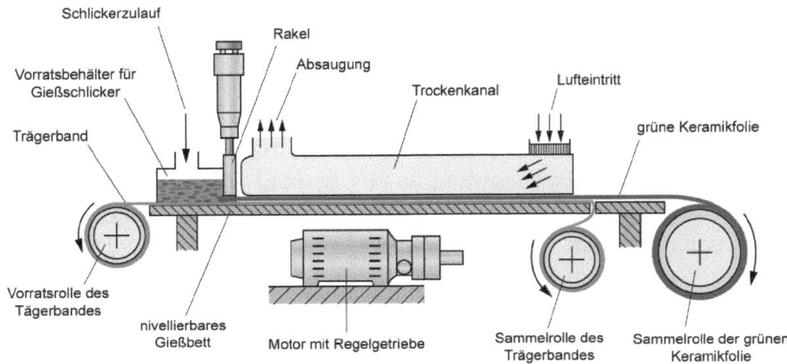

Abb. 3.9 Schematische Darstellung einer Foliengießanlage. Der linke Teil der Abbildung zeigt die Gießeinheit, der rechte den Trockenkanal einschließlich Folienumlenkeinrichtung (Veröffentlichung mit freundlicher Genehmigung des Thieme-Verlags Stuttgart [1, Stichwort „Foliengießen", Abb. 2])

Die technische Lösung brachte die Foliengießtechnologie oder – nach dem Entwickler namens Doctor – die Doctor-blade-method. Voraussetzung sind Rohstoffe mit einer Korngröße unter 20 µm. Sie werden mit einer Flüssigkeit (Wasser oder organisch) zu einem Schlicker suspendiert. Das erfolgt gleichzeitig mit der Zumischung von Verflüssigern, organischen Plastifizierern und Bindern. Der Schlicker muss extrem homogen sein. Für jede Pulvermischung wird auch heute noch durch Experimente die optimale Zusammensetzung der Suspension ermittelt. Abbildung 3.9 zeigt das Prinzip einer Foliengießanlage.

Der in einem Behälter befindliche Schlicker fließt durch einen Spalt im Gefäßboden auf ein endloses Band, das entweder aus Kunststoff oder Stahl besteht. Er breitet sich darauf aus und bildet durch Wirkung der Bindemittel relativ schnell einen Scherben. Es entsteht im konkreten Fall eine durch die organischen Zusätze hoch elastische, gut biegbare Folie. Man kann heute Folienstärken bis herunter zu 200 µm erreichen. Die Dicke wird neben der temperaturabhängigen Viskosität des Schlickers durch die Position des Rakels, das den Auslaufspalt des Schlickerbehälters nach oben begrenzt, und die Abziehgeschwindigkeit bestimmt. Das zwischen beweglichen Rollen gespannte Trägerband übernimmt den

Transport der Keramikfolie und gestattet somit die Einstellung der Abziehgeschwindigkeit. Bei sonst konstanten Parametern verringert sich die Foliendicke hyperbolisch mit der Abziehgeschwindigkeit. Die gegossene Folie gelangt, noch auf dem Transportband liegend, in einen Trockenkanal. Nach dem Verlassen des Trockenkanals wird das Trägerband durch eine Rolle umgelenkt, so dass man die biegsame Folie abheben kann. Es schließt sich eine Weiterverarbeitung durch Stanzen, Siebdrucken und Laminieren an.

3.3.2 Plastische Formgebung

Ausgangspunkt für die plastische Formgebung ist in der Regel ebenfalls ein Schlicker. Für oxidkeramische und nichtoxidkeramische Werkstoffe sind die Schlicker nahezu genau so zusammengesetzt wie für das Gießen. Im Falle der Schlicker für die bildsame Formgebung von Ton-Keramik ersetzt man aber die zwischen den Schichtpaketen befindlichen, einwertigen Na^+-Kationen durch zweiwertige Ca^{2+}-Kationen, da diese die Bindung zwischen den Schichtpaketen der Tonminerale fördern. Da sich die auf die Schlickerherstellung folgenden technologischen Schritte für die plastische Formgebung von der durch das Gießen und das Pressen unterscheiden, werden diese Prozessstufen nicht unter Abschn. 3.2. (Aufbereitung), sondern im Zusammenhang mit der speziellen Formgebung als deren vorgeschaltete Stufe behandelt.

Voraussetzung für die plastische Formgebung ist eine bildsame bzw. plastische Masse, die sich erst bei Überschreitung einer unteren Scherspannung, dem Anlasswert, formen lässt. Die Zusammenhänge zwischen der Scherspannung τ und der Scherspannung D wurden bereits auf Abb. 3.8. gezeigt. Der für die plastische Formgebung geeignete Zustand wird durch Verringerung des Anteils an Suspensionsmittel im Schlicker erreicht. Das kann auf unterschiedlichem Weg erfolgen.

Bei tonkeramischen Massen kommt die rein mechanisch wirkende *Filterpresse* zum Einsatz. Es entsteht ein Filterkuchen, der an der Oberfläche parallel ausgerichtete, blättchenförmige Tonmineralteilchen bei gleichzeitig radial ausgerichtetem Feuchtigkeitsgradient besitzt. Der Filterkuchen ist also nicht homogen. Die Homogenisierung erfolgt in der *Vakuumstrangpresse* (Abb. 3.10). Für dieses Aggregat findet man in der

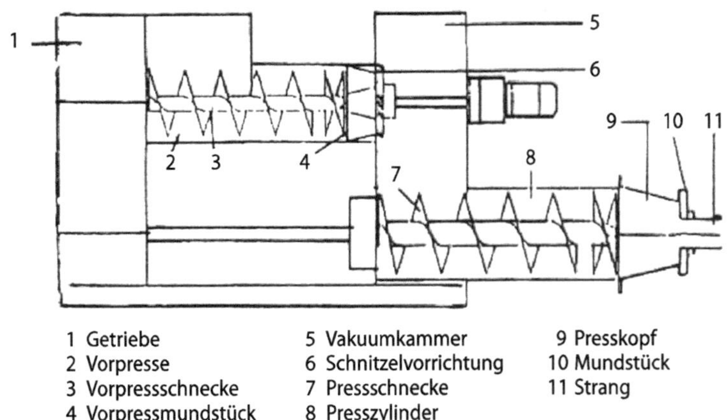

1 Getriebe	5 Vakuumkammer	9 Presskopf
2 Vorpresse	6 Schnitzelvorrichtung	10 Mundstück
3 Vorpressschnecke	7 Pressschnecke	11 Strang
4 Vorpressmundstück	8 Presszylinder	

Abb. 3.10 Prinzipskizze einer Vakuumstrangpresse (Veröffentlichung mit freundlicher Genehmigung des Vulkan-Verlags [2, S. 435, Bild 54])

Praxis auch die Bezeichnung Schneckenpresse oder – in Anlehnung an die Kunststoffherstellung – Schneckenextruder.

Die oben liegende Schnecke durchtrennt und bewegt die Filterkuchen und mischt sie knetend noch einmal durch. Dadurch verteilen sich die Rohstoffteilchen und das Wasser relativ homogen. Am Ende der oberen Schnecke wird die Masse durch eine Siebplatte in die Vakuumkammer gepresst. Wie bei einem Fleischwolf entstehen würstchenförmige Gebilde mit einer großen Oberfläche. Das bedeutet, dass die in der Masse durch die vorangegangenen Prozesse eingeschlossene Luft in der Vakuumkammer ziemlich vollständig entweichen kann. Das muss erfolgen, da andernfalls die Luft in sogenannter nichtentlüfteter Masse wie ein unbildsamer Rohstoff wirkt und in unkontrollierbaren Poren im Erzeugnis verbleibt. Die entlüftete Masse wird mittels der unteren Schnecke weitertransportiert. Durch die Einschnürung des Massestroms im Mundstück baut sich ein Gegendruck auf, so dass die Masse als geschlossener Strang das Mundstück verlässt.

Beispiel

Will man z. B. Ziegel herstellen, dient die Vakuumstrangpresse nicht nur zur Homogenisierung, sondern gleichzeitig als Aggregat für die bildsame Formgebung der grobkeramischen Masse. Das Mundstück erhält eine rechteckige Öffnung, durch die ein endloser Strang heraustritt, der mit einem automatisch arbeitenden Draht, auch Harfe genannt, in Stücke definierter Größe, die Ziegel, geschnitten wird. Der Gesamtvorgang wird als Strangziehen bezeichnet.

Beispiel

Aber auch Rohre, z. B. aus Korund-Keramik, werden durch Strangziehen hergestellt. Um die zunächst nur aus unbildsamen Al_2O_3-Rohstoffen hergestellte Masse zu plastifizieren, werden organische Additive zugegeben, die als Plastifizierer und Bindemittel wirken. Die meist sphärischen Rohstoffteilchen gleiten während der Formgebung in der hochviskosen Suspension gegeneinander, wobei die Bindemittel, die die Pulverteilchen umhüllen, den Zusammenhalt gewährleisten.

Beispiel

Das Strangziehen wird auch für die Herstellung von Wabenkeramik (Abb. 1.3) eingesetzt. Das Mundstück des Extruders weist eine sehr komplexe Geometrie auf. Die metallischen Teile des Werkzeugs formen nicht mehr nur eine Außenkontur der Rohlinge, ggf. mit einer großen inneren Bohrung, wie bei einem Rohr. Statt dessen müssen die Wände von unzähligen im Querschnitt sichtbaren Waben geformt werden, die im Erzeugnis letztlich als eine Bündelung von Langlöchern erscheinen. Sie entstehen dadurch, dass die bildsame Masse an parallel angeordneten und nach einem komplizierten Schema im Mundstück fixierten Metallstäben entlanggleitet. Man erhält einen endlosen Strang, der in Teile getrennt werden muss. Dabei dürfen die Waben nicht zerdrückt werden.

Beispiel

Extruder kommen auch zum Einsatz, wenn faserförmige keramische Rohlinge erzeugt werden sollen. Das ist häufig für Verbundwerkstoffe mit Piezo-Keramik-Fasern (Abschn. 5.4.2) der Fall.

Beispiel

Sollen aber Erzeugnisse durch *Drehen*, z. B. rotationssymmetrisches Geschirrporzellan oder elektrische Isolatoren, hergestellt werden, verlassen plastisch formbare Halbzeuge (auch als Hubel bezeichnet) die kontinuierlich arbeitende Vakuumstrangpresse. Sie besitzen in der Regel einen kreisrunden Querschnitt. Er weist für spezielle Isolatoren ein Loch auf. Auch hier wird der endlose Strang durch einen Draht in Stücke getrennt, deren Höhe meist größer als der Durchmesser ist und deren Größe bereits auf das durch Drehen zu formende Erzeugnis zugeschnitten ist.

Beim Drehen von Geschirr handelt es sich um ein komplexes Verfahren, bei dem sich das zu formende Erzeugnis auf einer Spindel dreht. Der Formgebungsvorgang ähnelt einem Quetschen oder Drücken des Hubelstücks in (für Becher) oder auf (für Teller) eine Form, die aus Gips oder Polyurethan besteht. Überschüssige Masse wird am Erzeugnisrand durch Abschneiden entfernt. Erst hierbei entsteht ein theoretisch endloser Drehspan. Das Drehen erfolgt auf sogenannten Rollermaschinen mit beheizbarem, drehbarem Rollerkopf. Die eine Erzeugniskontur liefert die Gips- oder Polyurethanform, die andere der Rollerkopf. Es drehen sich Werkstück und Werkzeug. Ausführliches zu dieser eher traditionellen Technologie geht aus [6] hervor.

Ausgehend von bildsamer Porzellanmasse, kann man auch die Feuchtigkeit so weit absenken, dass die Masse nur noch ca. 15 % Wasser enthält. Der Zustand wird als lederhart bezeichnet. Ihr Anlasswert und die Viskosität sind dann so hoch, dass das Quetschen bei der Formgebung nur noch eine untergeordnete Rolle spielt. Beim Abdrehen des Hubels mit einer Drehschlinge entsteht dann tatsächlich ein endloser Span, der aufgefangen wird, um ihn wieder der Masse zuzufügen. Die Herstellung von Isolatoren wird in Abschn. 4.2 genauer behandelt.

Eine weitere Möglichkeit der plastischen Formgebung besteht durch *Nasspressen*. „Nass" steht hier für einen definierten, etwa 10–20 %igen Anteil an Suspensionsmittel in einer krümeligen Masse. Da die Bedeutung dieses Verfahrens zurückgegangen ist, wird an dieser Stelle auf eine nähere Erläuterung der Vorgänge verzichtet.

Es besteht ein hoher Bedarf an technischen Keramikerzeugnissen mit völlig freier Geometrie, ohne Symmetrieachsen, ohne geometrische

Vorzugsrichtungen, mit Unterschneidungen, aber extrem geringen Fertigungstoleranzen. Meist handelt es sich um sehr kleine Erzeugnisse in hohen Stückzahlen. Hier würde sich eventuell das traditionelle Gießen anbieten. Durch die alleinige Verwendung unplastischer Rohstoffe sind aber zur Herstellung stabiler Schlicker organische Suspensionsmittel und Additive erforderlich. Das schließt die Anwendung von relativ billigen Gipsformen aus. Ebenso erfüllen die durch Gießen mögliche Verdichtung und die geometrischen Toleranzen der Erzeugnisse nicht die Forderungen. Eine wichtige Erfindung – das zu Unrecht als Spritz*gießen* bezeichnete Verfahren – nutzt Wachse und Thermoplaste als Plastifizierugsmittel für die Formgebung. Sie schmelzen bei Temperaturen um 80 bzw. 220 °C. Eine bessere Bezeichnung wäre Spritz*prägen*.

Beispiel

Das Verfahren erfordert erhöhte Temperaturen. Fügt man die Wachse oder Thermoplaste der Rohstoffmischung bei und erhitzt auf die genannten Temperaturen, entsteht eine plastisch formbare Masse. In diesem speziellen Fall (strukturviskoses Verhalten mit Anlasswert, Abb. 3.8) steigt die Fließ- oder Scherrate D nicht linear mit der Scherspannung τ, sondern exponentiell. Drückt man diese Masse durch eine Düse, fließt sie weitaus besser als ohne diese Scherspannung. Man spritzt die Masse in eine Form, die die gewünschte Erzeugnisgeometrie abbildet. Es folgt eine sehr schnelle Abkühlung, bei der die Wachse oder Thermoplaste erstarren. Unmittelbar nach dem Einspritzen der Masse in die Metallform entsteht ein fester Körper, der sich gut mechanisch nachbearbeiten lässt. Häufig erfolgt das Spritzgießen aber auch endformgerecht. Die Erwärmung der Masse und der Transport zum Mundstück erfolgen in einer beheizbaren Schneckenpresse (Abb. 3.11).

Das Spritzgießen eignet sich für jede Keramikzusammensetzung, wird aber vor allem für Oxid- und auch für Nichtoxid-Keramik angewendet. Es erfordert einen Anteil an organischen Substanzen bis zu 50 %. Da diese Menge während des folgenden Hochtemperaturprozesses einerseits zu einem extremen Volumen an entweichendem Gas und andererseits zu einer unkontrollierbaren, hohen Schwindung des Rohlings im Brand bei gleichzeitiger Bildung von Rissen führen würde, schließt

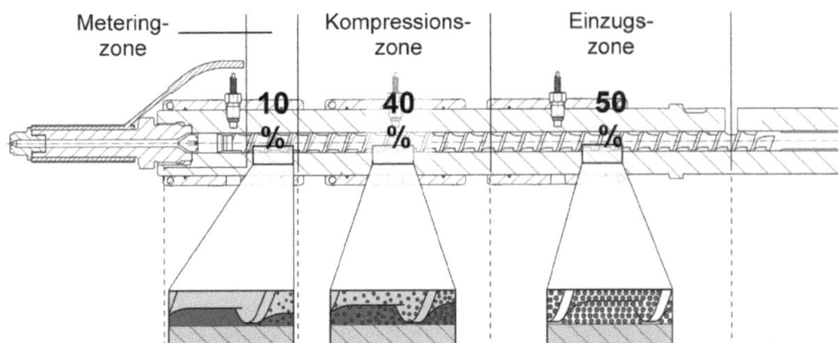

Abb. 3.11 Schema einer Plastifiziereinheit. Es handelt sich dabei um eine an die besonderen Bedingungen bei der Verarbeitung von Keramikpulver/Thermoplast-Massen angepasste Spritzgießanlage. In einem Kneter werden die Rohstoffe, die Plastifizierungsmittel (Thermoplaste oder Wachse) und weitere organische Additive vermischt. Die Schnecke transportiert die sogenannte Schülpe an der erhitzten Gehäusewand in die Kompressionszone. Dort erfolgt die Entlüftung. Die endgültige Verdichtung erfolgt in der Meteringzone. Es schließt sich der Transport zum düsenförmigen Mundstück an, aus dem die plastische Masse dann in die Form gespritzt wird und an der deutlich kühleren Formenwand erstarrt (Veröffentlichung mit freundlicher Genehmigung des HuB-Verlags Ellerau, Technische Keramische Werkstoffe, 138. Erg.-Lfg., Hrsg. J. Kriegesmann, [7, Kap. 3.4.8.0, Bild 6])

sich dem Spritzgießen ein Vorgang an, der als De- oder Entbindern, d. h. als Entfernung des Bindemittels, bezeichnet wird. Das Debindern macht sich immer dann als eigenständiger Verfahrensschritt erforderlich, wenn der Rohling mehr als etwa 5 % organische Additive enthält. Das äußerst komplizierte Verfahren wird auf jedes konkrete Erzeugnis angepasst. Ausführlich kann man sich zum Debindern in [7, Kap. 3.4.8.0 bis 3.4.8.3.] informieren.

3.3.3 Formgebung durch Pressen

Da die Teilchengröße der Pulver in feinkeramischen Massen nur wenige µm beträgt, müssen sie vor der Pressformgebung zur Vermeidung von elektrostatischen Aufladungen und Lufteinschlüssen verdichtet bzw. kompaktiert werden, was die Entwicklung von z. B. Sprühgranulatoren

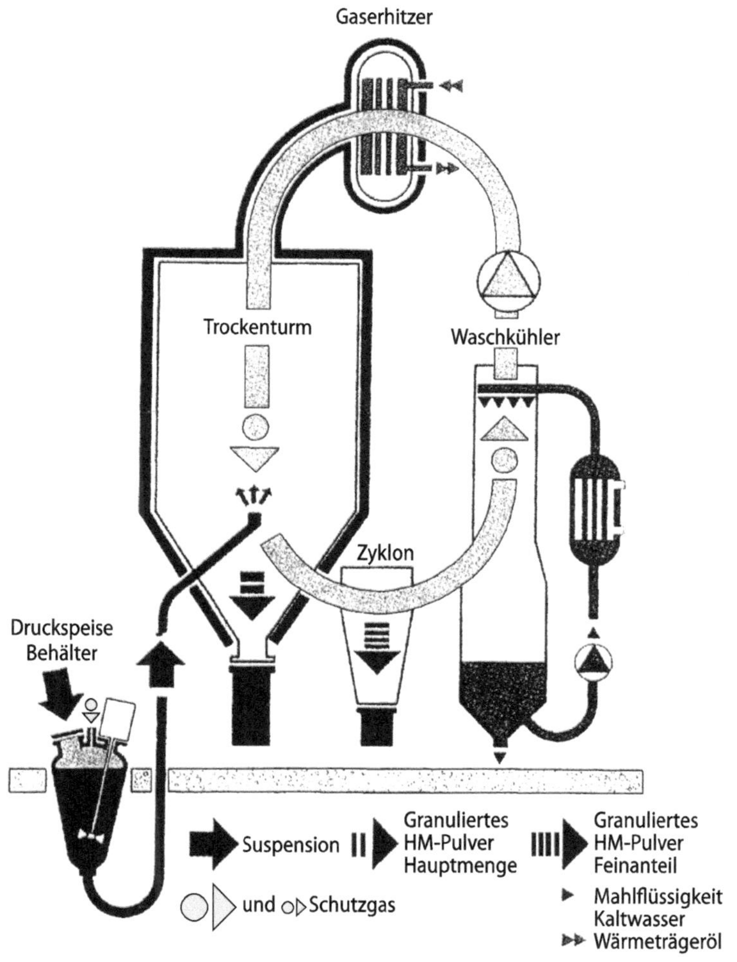

Abb. 3.12 Prinzip der Wirkungsweise eines Sprühturms (Veröffentlichung mit freundlicher Genehmigung des Vulkan-Verlags [2, S. 409, Bild 24])

bzw. *Sprühtrocknern* oder Sprühtürmen zur Folge hatte. Man unterscheidet solche, die bei Raumtemperatur arbeiten, und solche, die bei höheren Temperaturen betrieben werden. Der Schlicker (Abschn. 3.2.3.) wird beispielsweise durch eine Düse gedrückt und dabei versprüht. Es entstehen Tröpfchen von $\leq 0{,}5$ mm Größe. Die Tropfengeometrie ergibt sich als Folge der Oberflächenspannung des Suspensionsmittels. Dabei handelt es sich in der Regel um Wasser, seltener um organische Substanzen. Dem Suspensionsmittel werden in Abhängigkeit von der chemischen Zusammensetzung des Pulvers Bindemittel, z. B. Polyvinylazetat, Dextrin, Wachsemulsionen, Stearate, Oleate und andere organische Substanzen zugefügt. Das Suspensionsmittel verdampft auf Grund der großen spezifischen Oberfläche der Tröpfchen und des hohen Dampfdrucks schon unmittelbar nach dem Verlassen der Düse. Das verbleibende, kugelförmige Granulat wird durch die Bindemittel zusammengehalten und am Boden des Sprühturms aufgefangen (Abb. 3.12).

Das während des Einfüllens in die Pressformen rieselnde (abrollende) Granulat verhindert eine übermäßige Schüttkegelbildung und führt bereits zu einer akzeptablen Schüttdichte. Ausführliches findet man in [2, 3, 6, 7].

Vor allem Fliesen werden *uniaxial* gepresst. Der Pressdruck wirkt dabei senkrecht von oben (oder auch von unten). Da die Masse nur etwa 2 % Wasser enthält, spricht man vom *Trocken*pressen. Das macht einen separaten Trocknungsvorgang überflüssig und verringert die Trockenschwindung und damit die Gefahr der Deformation der Erzeugnisse.

Den Pressvorgang kann man in drei Phasen unterteilen (Abb. 3.13). Zunächst wird das eingeschüttete Granulat zusammengeschoben, Phase I. Die Pressdichte steigt stark an. Es schließt sich mit andauernder Krafterhöhung eine Zerstörung der einzelnen Granalien an. Dadurch rücken die die Granalien bildenden Rohstoffkörner zusammen, Phase II. Die Pressdichte steigt nochmals. Eine weitere Druckerhöhung bewirkt die Zerstörung des Kristallgitters der Pulverteilchen, was man nur in der Ausnahme wünscht. Die Wirkung eines gesteigerten Pressdrucks auf die Dichte ist in dieser Phase nur noch gering, Phase III.

Das uniaxiale Pressen besitzt aber einen großen Nachteil. Die Presskraft wird von Korn zu Korn, beginnend an der Grenzfläche zwischen den Körnern und den Pressstempeln, und auch über die Wandung der Pressform übertragen. Gleitvorgänge finden nahezu nicht statt. Das bedeutet,

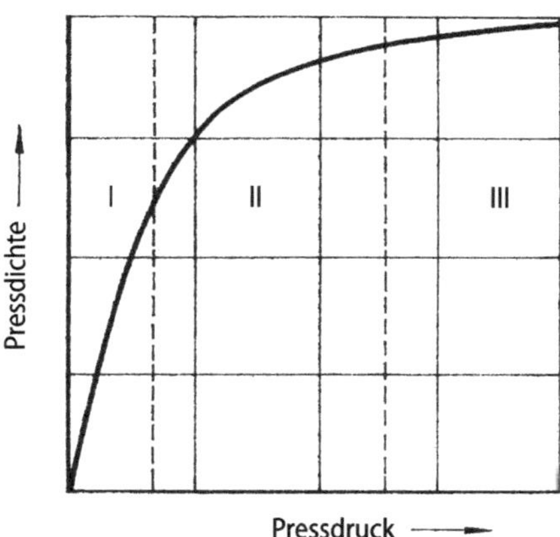

Abb. 3.13 Pressdichte in Abhängigkeit vom Pressdruck [6, Bild 3.40]

dass vor allem in Pressrichtung ein Druckabfall durch Reibung auftritt, der eine höhenabhängige, unterschiedliche Verdichtung der Rohlinge zur Folge hat. Durch besondere Konstruktion des Formenwerkzeuges (z. B. „fliegender" Mantel) oder durch das Matrizenabzugsverfahren können unterschiedliche Dichteverteilungen verringert werden.

Trotzdem lassen sich nach dem uniaxialen Trockenpressen Erzeugnisse mit großem Höhe-zu-Durchmesser-Verhältnis nicht mit ausreichend hoher und homogener Dichte herstellen. Das Verfahren eignet sich ideal für etwa 5 mm hohe Fliesen und flächige elektronische Bauelemente, wie Rutil-Keramikkondensatoren (Abschn. 5.4.1) und magnetische Ferrit-Keramik (Abschn. 5.5). Für andere Erzeugnisgeometrien mussten neue Verfahren gefunden werden.

Es war aber auch erforderlich, die Porosität der Rohlinge deutlich zu verringern. Wenn die Endverdichtung der Erzeugnisse während des keramischen Brandes ausschließlich durch Diffusionsprozesse erfolgt, muss die Anzahl der Kontaktstellen der Rohstoffteilchen untereinander deutlich erhöht werden. Weiterhin setzt die häufig notwendige mechanische Nachbearbeitung der Rohlinge voraus, dass sie eine dafür ausreichende Festigkeit besitzen. Diese drei Forderungen können durch das *isostatische* Pressen erfüllt werden. Dabei handelt es sich um eine sehr aufwendige Technologie, zu der an dieser Stelle nur Weniges gesagt werden kann.

▶ **Definition** Der Druck wird auf das durch Sprühtrocknung hergestellte Granulat allseitig, d. h. isostatisch, aufgebracht. Zu diesem Zweck gibt man das Granulat in eine elastische Form, evakuiert diese und setzt sie in einen Rezipienten. In diesem befindet sich – je nach Anwendung – Wasser, Hydrauliköl oder auch beim heißisostatischen Pressen ein Gas. Über diese Medien wird der Druck allseitig (Gesetz von Pascal) auf das zu formende Pulver aufgebracht. Das kann durch ein Hydrauliksystem, manchmal aber auch rein mechanisch erfolgen. Meist werden Drücke zwischen 300–1000 MPa angewendet. Nach der Formgebung wird der Druck gesteuert abgebaut und der Rohling der elastischen Form entnommen.

In Abhängigkeit von der Konstruktion der Form und der notwendigen Druckverteilung (völlig gleichmäßig oder mit geringen Abstrichen) unterscheidet man das Nass- und das Trockenmatrizenverfahren. Nach Möglichkeit wendet man das Trockenmatrizenverfahren an, da es billiger und produktiver ist. Dabei wird die elastische Pressform an einer Seite an einem Stempel befestigt, der einen gesonderten hydraulischen Antrieb besitzt. An dieser Fläche ist die Form „trocken". Die Nassmatrize ist dagegen allseitig vom Pressmedium umspült. Abbildung 3.14 zeigt beide Prinzipien.

Das Trockenmatrizenverfahren hat sich insbesondere zur Fertigung der Keramikteile für Zündkerzen, aber auch für Keramik-Hochleistungssicherungen durchgesetzt. Komplizierte Erzeugnisse vor allem aus Nichtoxidkeramik werden meist nach dem Nassmatrizenverfahren hergestellt. Es bietet sich vor allem für Einzelstücke an. Man presst zunächst einen runden Rohling, der dann durch mechanische Bearbeitung die gewünschte Geometrie erhält.

Werden an das Keramikerzeugnis extreme Anforderungen bezüglich gleichmäßiger und sehr hoher Verdichtung (nahe der theoretischen Dichte) gestellt, nutzt man das *heißisostatische* Pressen. Formgebung und Brand finden in *einem* Prozessschritt statt. Der Rezipient befindet sich in einem Ofen. Der Druckaufbau erfolgt dann durch Gase, die – bei nahezu unverändertem Volumen des Rezipienten – mit steigender Temperatur einen erheblichen Druck aufbauen.

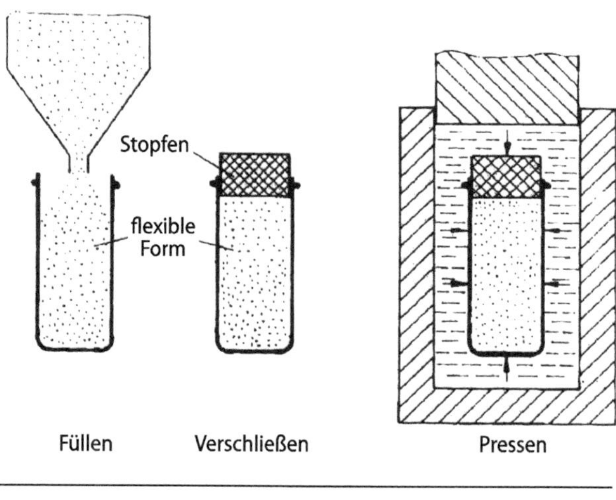

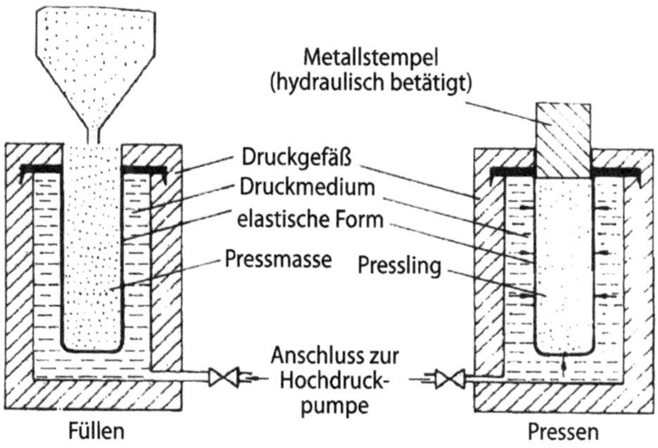

Abb. 3.14 Schematische Darstellung des isostatischen Pressens; *oben* das Nassmatrizenverfahren, *unten* das Trockenmatrizenverfahren; *links* jeweils der Füllvorgang, *rechts* die Situation beim Pressen (Veröffentlichung mit freundlicher Genehmigung des Vulkan-Verlags [2, S. 420, Bild 34])

3.4   Brennen bzw. Sintern der Keramikrohlinge

▶ **Definition** Unter Brennen oder Sintern versteht man einen Vorgang, bei dem eine Verdichtung und Verfestigung der Rohlinge durch ein Aneinanderrücken der Rohstoffpartikeln stattfindet. Dabei entstehen zwischen ihnen direkte, d. h. stoffschlüssige Verbindungen. Erst während des Sinterns bildet sich der eigentliche Keramikwerkstoff. Das Sintern kann mit chemischen und kristallografischen Reaktionen verbunden sein. Während des Sinterns kann sich weiterhin eine partielle Schmelzphase bilden. Das Ergebnis des Sinterns wird durch ein definiertes Temperatur-Druck-Atmosphäre-Zeit-Regime eingestellt. Einfluss auf das Sinterergebnis üben weiterhin die Vorverdichtung des Rohlings, die Partikelgrößen und deren Verteilung sowie nicht zuletzt die chemische Zusammensetzung der Rohstoffkörner aus.

Von Sintern spricht man, wenn die physiko-chemischen Reaktionen im Mittelpunkt der Betrachtung stehen, von Brennen, wenn es eher um den konkreten Ofenbetrieb geht.

▶ **Definition** Unter *Schmelzphasensinterung* versteht man, dass sich im Brenngut während des Brandes eine partielle, hochviskose Schmelze bildet. Sie führt durch die Wirkung ihrer Grenzflächenspannung zu einem Zusammenrücken der Teilchen durch Mikrofließvorgänge, d. h. einer Verdichtung des Scherbens bei einer niedrigeren Temperatur als ohne sie.

▶ **Definition** Im Unterschied dazu beschreibt man mit *Festphasensinterung* einen Vorgang, der ausschließlich auf Diffusionsvorgängen beruht. An den Grenzflächen zwischen den Pulverteilchen findet ein Stoffaustausch statt, der zu einer stoffschlüssigen Verbindung bei gleichzeitigem, fast völligem Verschwinden der im Rohling noch vorhandenen Poren führt.

▶ **Definition** Bei Nichtoxid-Keramiken findet auch gelegentlich eine *Gasphasensinterung* statt. Dort führen Verdampfungs- und Kondensationsvorgänge zu stoffschlüssigen Brücken zwischen den Rohstoffkörnchen.

Aus historischer Sicht hat sich die notwendige Sintertemperatur in Abhängigkeit von der Zusammensetzung der Keramik-Erzeugnisse ständig erhöht. Heute benötigt man neben konventionellen Öfen auch solche, die eine deutlich höhere Brenntemperatur als beispielsweise 1500 °C gestatten. Da aber das Brennen in Höchsttemperatur-Öfen sehr kostspielig ist, muss genau erwogen werden, was tatsächlich technisch notwendig ist.

Beispiel

In Korund-Keramik beispielsweise für einen späteren Einsatz bei Temperaturen über 1000 °C darf während des Brennens keine Schmelzphase entstehen. In dem erkalteten Werkstoff würde eine solche Schmelze als fein verteilte Glasphase vorliegen, die dann unter Anwendungsbedingungen vielleicht schon bei Temperaturen unter 1000 °C erweicht. Man ist auf die Festphasensinterung ausschließlich auf der Basis von Diffusionsprozessen angewiesen. Unter diesen Bedingungen benötigt man eine Brenntemperatur von etwa 1900 °C, um dichte Erzeugnisse herzustellen.

Beispiel

Anders gestaltet sich die Situation z. B. bei Porzellanerzeugnissen, die meist bei Raumtemperatur zum Einsatz kommen. Hier wird gezielt Feldspat als Flussmittel der Masse zugemischt, um während des Sinterns eine partielle, hochviskose Schmelze zu erzeugen. Die Wirkung beruht auf folgendem Mechanismus: Flussmittel schmelzen nicht für sich allein bei tieferen Temperaturen als die anderen in der Masse vorhandenen Rohstoffe. Vielmehr reagieren sie mit einem Teil der Rohstoffkörnung, die die gewünschte Keramik erzeugen soll. An den Kontaktstellen mit dem Flussmittel entstehen wenige nm dicke Schichten von Reaktionsprodukten. Diese sind es, die bei niedrigerer Temperatur als die anderen Rohstoffe und die Flussmittel, jedes für sich alleine, schmelzen. Man spricht von *eutektischen* Schmelzen.

Beispiel

Auch bei Korund-Keramik kann man ähnlich verfahren, wenn die Anwendung bei Temperaturen deutlich unter 1000 °C liegt. Ein geringer

Anteil an Schmelzphase führt bei dieser Art von Korund-Keramik dazu, dass sie schon bei etwa 1500 °C dichtsintert. Der geringe Anteil an bei Raumtemperatur vorhandener Glasphase oder auch an während der Abkühlung neu entstandener Kristallphase, deren Zusammensetzung vom Korund abweicht, beeinträchtigt beispielsweise den Einsatz als Substrate für leistungselektronische Schaltkreise und Gehäuse für elektronische Speicherbausteine (z. B. EPROMs) nicht.

Erfolgt aber der Einsatz der Keramikwerkstoffe tatsächlich bei hohen Temperaturen, dann muss das Dichtsintern ausschließlich auf der Basis der Diffusion erfolgen. Die Diffusionskoeffizienten nehmen jedoch bei den Ionen und Atomen, aus denen die Oxid- und vor allem die Nichtoxid-Keramiken bestehen, erst bei sehr hohen Temperaturen ausreichend hohe Werte an. Die notwendigen hohen Sintertemperaturen verteuern die Erzeugnisse gelegentlich dramatisch. Aber nur durch sie ist es möglich, die geforderten Eigenschaften der Erzeugnisse zu garantieren. Die Werkstoffe weisen meist eine Kristallgröße von nur wenigen µm auf. Abbildung 3.15 zeigt die regelmäßige Mikrostruktur einer Korund-Keramik.

Man unterscheidet kontinuierlich und diskontinuierlich arbeitende Öfen.

Die *kontinuierlich* betriebenen Öfen bzw. Kanal- oder Tunnelöfen eignen sich für Massenprodukte, gestatten Temperaturen bis etwa 1500 °C und arbeiten ohne Unterbrechung über einen Zeitraum von mehreren Jahren. Das Brenngut wird durch die Öfen „gefahren", wobei es die Abschnitte Aufheizen, Halten der Brenntemperatur und Abkühlen durchläuft. Die Beheizung erfolgt in der Regel mit Gas, seltener auch elektrisch. Manchmal muss eine spezielle Sinteratmosphäre eingestellt werden, was bei gasbeheizten Öfen relativ problemlos erfolgt. Die zu brennenden Rohlinge werden auf Unterlagen, den Brennhilfsmitteln, transportiert. Sie dürfen nicht mit dem Brenngut reagieren, müssen dessen Schwindung beim Brand zulassen und den häufigen Temperaturwechsel vertragen.

Porzellan wird in solchen Öfen in Abhängigkeit von der exakten Zusammensetzung bei 1300–1450 °C gebrannt. Kanalöfen kommen auch für die flussmittelhaltige Korund-Keramik bei Temperaturen von 1450–1550 °C zum Einsatz. Für Fliesen nutzt man Kanalöfen (Rollenöfen) mit

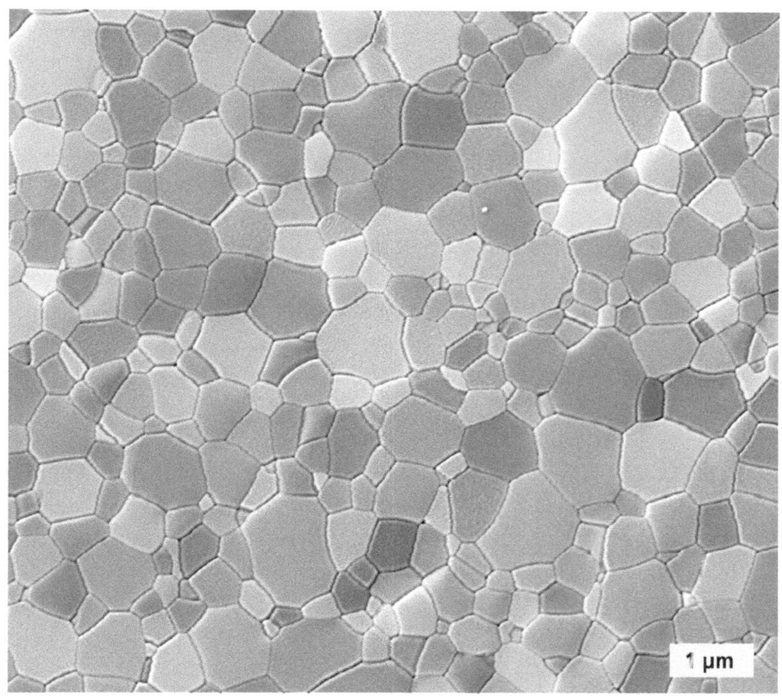

Abb. 3.15 Rasterelektronenmikroskopische Aufnahme der Struktur einer glasphase-
und porenfreien Korund-Keramik. Die einzelnen, 1–5 µm kleinen Kristalle sind direkt an ihren Korngrenzen versintert (Veröffentlichung mit freundlicher Genehmigung
des Fraunhofer-Instituts für Keramische Technologien und Systeme, IKTS [8, S. 16,
Abb. 1])

einem sehr flachen Brennquerschnitt. In ihnen werden die Rohlinge auf
Rollen (Abb. 4.11) transportiert.

Geht es nur um geringe Stückzahlen mit besonderen Anforderungen
an das Brennregime, kommen *diskontinuierlich* arbeitende Öfen zum
Einsatz. Der Töpfer brennt seine individuell gefertigte Ware in solchen
Kammeröfen. Hier reichen manchmal schon 1100 °C aus. Man benötigt sie auch für das Sintern von flussmittelfreier Korund-Keramik bei
etwa 1900 °C. Das Sintern von Siliziumkarbid-Keramik kann durchaus

2200 °C erfordern. Diese Temperaturen kann man nur noch in diskontinuierlich arbeitenden Öfen erzielen.

Die Öfen für die Sinterung von Nichtoxid-Keramik weisen viele Besonderheiten auf. Es handelt sich nahezu ausschließlich um elektrisch beheizte, mit Heizleitern bestückte Öfen. Ihr Betrieb erfordert Vakuum oder Schutzgas, da einerseits die Heizelemente auf der Basis von z. B. Grafit, Wolfram oder Molybdän oxidationsempfindlich sind und andererseits auch die zu sinternde Keramik nicht oxidieren darf.

Ein weiterer Weg zur Absenkung der Sintertemperatur besteht darin, die Verfahrensschritte Pressen und Sintern als *eine* Prozessstufe zusammenzuführen. Das verringert zwar die Produktivität, aber auch gleichzeitig die erforderliche Sintertemperatur. Man spricht vom *Heiß*pressen. Auf das heißisostatische Pressen wurde bereits in Abschn. 3.3.3 hingewiesen.

In der Regel entsprechen die Toleranzen der geometrischen Abmessungen der gesinterten Erzeugnisse trotz aller Bemühungen noch nicht den Forderungen der Abnehmer. Häufig kann man auch nur endkonturähnlich fertigen. Deshalb ist z. B. eine mechanische Nachbearbeitung der Erzeugnisse erforderlich.

3.5　Nach- und Weiterbearbeitung von Keramikerzeugnissen

3.5.1　Mechanische Nachbearbeitung

Keramikerzeugnisse können einerseits selbst Werkzeuge für die mechanische Nachbearbeitung anderer Werkstoffe sein. Dazu gehören Dreh-, Bohr-, Fräs- und Schleifwerkzeuge z. B. aus Korund (Abschn. 5.2), Siliziumkarbid (Abschn. 6.2), Wolframkarbid- und Borkarbid (Abschn. 6.3). Andererseits müssen Keramikerzeugnisse für technische Anwendungen in der Regel selbst mechanisch nachbearbeitet werden. Nur dieser Fall wird im vorliegenden Abschnitt kurz behandelt.

Keramikhalbzeuge können in zwei verschiedenen Prozessstufen mechanisch bearbeitet werden, im ungebrannten oder auch im gebrannten Zustand. Man kann sich vorstellen, dass die Bearbeitung von Rohlingen deutliche weniger Kräfte erfordert als die von gebrannten Keramikerzeugnissen. Da hierfür die Werkzeuge relativ billig sind, ist die mechanische Bearbeitung im ungebrannten Zustand vorzuziehen, vor allen Dingen, wenn es um größere abzutragende Stoffmengen geht.

Rohlinge verfügen aber nur über eine geringe Festigkeit. Es besteht somit die Gefahr, dass sie z. B. beim Drehen oder Schleifen brechen. Außerdem erreicht man durch die Unwägbarkeiten beim anschließenden Sintern selten direkt die vom Käufer geforderten Toleranzen der geometrischen Abmessungen. Darum wird nahezu jedes Keramikerzeugnis für technische Anwendungen im gebrannten Zustand, trotz der hohen Bearbeitungskräfte und damit teurer Werkzeuge, mechanisch nachbearbeitet.

Beispiel

Zur mechanischen Bearbeitung im ungebrannten Zustand gehört beispielsweise das Abtragen der an den Schließstellen der Formen entstandenen Gieß- oder auch Pressnähte. Sie werden durch Abkratzen oder Abschleifen vom ungebrannten Erzeugnis entfernt. Hierzu werden Werkzeuge auf Korund- oder Siliziumkarbidbasis eingesetzt.

Beispiel

Das auf Abb. 1.7 gezeigte Gehäuse wird zunächst als runder, kompakter Körper geformt. Um einen endkonturnahen Rohling zu erhalten, wird er im ungebrannten Zustand ein erstes Mal mechanisch bearbeitet. Das abgetragene Material fällt als große Menge Staub an. Er entsteht dadurch, dass im Rohling die Rohstoffteilchen untereinander nur wenig Bindung besitzen. Durch die mechanische Bearbeitung werden die Rohstoffteilchen wieder völlig voneinander getrennt. Der Staub besteht also aus wenige µm feinen Rohstoffteilchen.

Der Staub erfordert aufwendige Absaug- und Arbeitsschutzmaßnahmen. Die Endkontur erhält das Gehäuse durch eine teure mechanische Bearbeitung nach dem Sintern. Hier kommen Diamantwerkzeuge zum Einsatz.

Beispiel

Ebenso können Porzellanisolatoren nach dem isostatischen Pressen der kompakten Rohlinge durch Fräsen die gewünschte Schirmform erhalten.

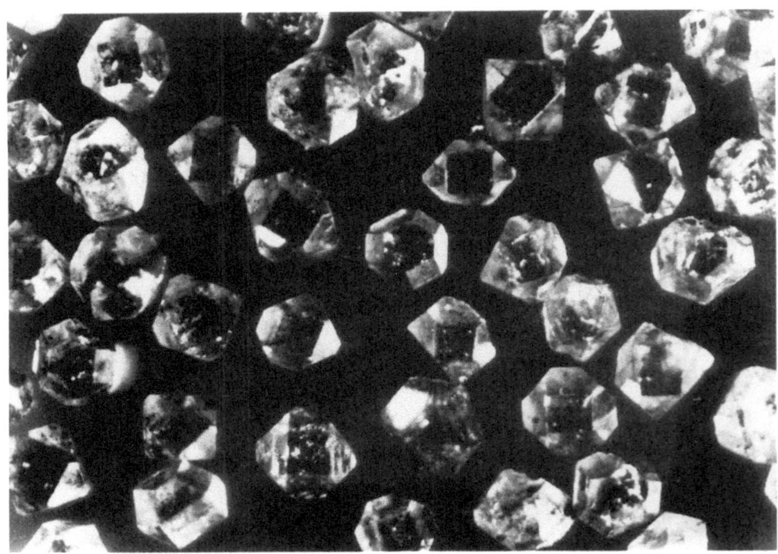

Abb. 3.16 Blockige Diamant-Einkristalle für das Schleifen mit losem Korn. Die Korngröße beträgt etwa 50 μm (Veröffentlichung mit freundlicher Genehmigung des Hansa-Verlags [9, Bild 5-6])

Exakte geometrische Abmessungen und auch sehr glatte Oberflächen erfordern die Bearbeitung im gesinterten, sehr festen Zustand. Die Forderungen werden sowohl durch Trennvorgänge im Sinne von Schneiden, Bohren und Fräsen mit festem Schleifkorn, d. h. Schleifwerkzeugen, als auch durch Oberflächenbearbeitung mit losem Korn durch Schleifen, ggf. Läppen und Polieren erfüllt. Das Schleifkorn für diese Anwendung besteht heutzutage nahezu ausschließlich aus Industriediamanten (Abb. 3.16). Manchmal setzt man auch Borkarbid B_4C (Abschn. 6.3) ein. Poliert wird meist mit feinstem γ-Al_2O_3-Pulver oder Tonerdehydrat, dem sogenannten Polierweiß.

Stellt man beispielsweise ein Implantat für Hüftgelenke (Abb. 1.5 und Coverbild, oben rechts) her, dann muss die Korund-Kugel nach Möglichkeit völlig reibungsfrei in der Korund-Pfanne gleiten. Das ist nur durch eine minimale Oberflächenrauigkeit beider Partner zu erreichen. Ausge-

Tab. 3.1 Ergebnisse der Oberflächenbearbeitung von Korund-Keramik und Bearbeitungsparameter

Parameter\Prozessstufe	Sintern	Schleifen	Läppen	Polieren
Rauigkeit R_m	$1 \dots 5\,\mu m$	$0,5 \dots 3\,\mu m$	$< 1\,\mu m$	$< 10\,nm$
Korndurchmesser d		$50\,\mu m$	$5\,\mu m$	$< 1\,\mu m$
Geschwindigkeit		$15 \dots 35\,m \cdot s^{-1}$	$< 3,5\,m \cdot s^{-1}$	nicht bekannt

hend von der Oberfläche der gesinterten Halbzeuge schließen sich die Verfahrensstufen Schleifen, Läppen und Polieren an. Die Oberflächenrauigkeit verringert sich von Stufe zu Stufe. Das ist nur durch immer feiner werdendes, loses Korn und abnehmende Bearbeitungsgeschwindigkeiten zu erreichen. Tabelle 3.1 gibt dazu einen näherungsweisen Überblick.

Den Korneingriff in die Oberfläche von spröden Keramikerzeugnissen stellt man sich entsprechend Abb. 3.17 vor.

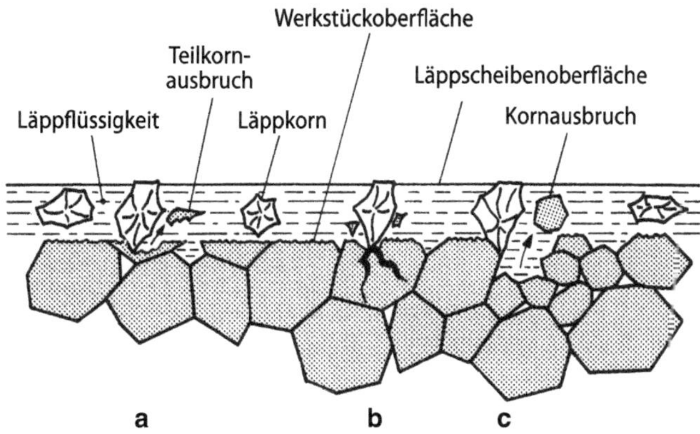

Abb. 3.17 Werkstoffabtrennung durch Schleifkorneingriff mit **a** Herausplatzen der Kornpartikeln des Keramikwerkstoffs, **b** Induzierung von Rissen im Korn, **c** Herausbrechen des gesamten Korns (Veröffentlichung mit freundlicher Genehmigung des Hansa-Verlags [9, Bild 7-8])

3.5.2 Fügen

Das Fügen kann durch Formschluss (z. B. Bajonettverschluss, Schrauben), Kraftschluss (z. B. die Schlusssteine in Gewölben von Öfen, Schrumpfverbindungen) oder Stoffschluss (z. B. direkter Kontakt der Bauteile durch Diffusion der Atome und Ionen) erfolgen. Gefügt werden verschiedene Bauteile aus ein und demselben Keramikwerkstoff, aber auch aus unterschiedlichen Keramiken, oder ein Bauteil besteht aus Keramik, das andere aus Glas oder Metallen, manchmal auch aus Kunststoff.

Eine wichtige Forderung an die Verbunde besteht darin, dass beim form- und stoffschlüssigen Fügen in der Fügestelle keine Spannungen herrschen dürfen. Im Falle des Kraftschlusses werden dagegen Spannungen in definierter Höhe erzeugt.

In allen Fällen geht es darum, für die Verbindung Werkstoffpaarungen mit sehr gut bekanntem, thermischem Ausdehnungskoeffizienten auszuwählen. Für Form- und Stoffschluss sollte er weitgehend angepasst sein, für Kraftschluss dagegen gezielt unterschiedlich. Natürlich ist es wichtig, wie beständig die Fügepartner bei der notwendigen Fügetemperatur sind, ob sie Temperaturwechsel vertragen und – bei dem häufig geforderten Stoffschluss – vor allem, ob sie überhaupt „fügewillig" sind.

Um letztere Frage zu beantworten, muss man sich Gedanken zur Bindung der verschiedenen Werkstoffe auf atomarer Ebene machen. Man unterscheidet die vier großen Gruppen der homöopolaren (Atombindung), der heteropolaren (Ionenbindung), der Metallbindung mit einer freien Elektronenwolke und der bei langkettigen Kunststoffen vorherrschenden Nebenvalenzbindungen. Die verschiedenen Bindungstypen verhindern zunächst an Kontaktstellen zwischen den unterschiedlichen Werkstoffen eine merkliche, für das Fügen nutzbare Diffusion. Es entsteht eine temperaturabhängige Grenzflächenspannung. Sie muss durch Vorbereitung der zu fügenden Bauteile an ihren Grenzflächen in einem gesonderten Prozess abgebaut werden.

Beispiel

Wenn man Metalle mit oxidischen Werkstoffen, z. B. bei der Durchführung von Metalldrähten durch einen Keramiksockel für einen Hochleistungsstrahler, stabil und vakuumdicht fügen will, setzt man sie gezielt einem Oxidationsprozess aus. Man könnte auch sagen, sie „rosten". Die reagierte Metallschicht darf nur wenige nm dick sein. Die Oberfläche des Metalldrahtes ändert durch die Oxidation ihre Farbe; sie läuft an. Aus der Farbwirkung kann man schließen, ob das Metall für ein Fügen mit Keramik z. B. mittels eines ebenfalls oxidischen Glaslots ausreichend gut vorbereitet ist.

Beispiel

Ein sogenannter werkstoffgerechter Fügevorgang findet beispielsweise statt, wenn man die Gehäusehalbschalen von EPROMs mit Glaslot verschließt. Die Gehäusehalbschalen bestehen aus Korund-Keramik. Korund-Keramik und Glaslot sind beides oxidische Werkstoffe. Eine spezielle Vorbereitung des Fügevorgangs ist nicht erforderlich. Während des Fügevorgangs finden Diffusions- und Schmelzvorgänge statt. Da die Löttemperaturen etwa 400 °C nicht überschreiten dürfen, enthalten die Lotgläser Boroxid und auch Bleioxid, das aktuell schrittweise durch andere Flussmittel ersetzt wird.

Soll mit einem Metalllot gefügt werden, muss das Keramikbauteil für diesen Vorgang vorbereitet werden. Man beschichtet es mit Metallpulver. Würde das Metallpulver alleine angewendet, entstünde keine Haftung auf der Keramikoberfläche. Darum nutzt man einen Trick: Dem Metallpulver werden oxidische Pulver (ganz spezielle Flussmittel) beigemischt. Nach dem Auftragen der Pulvermischung auf das Keramikbauteil wird die Schicht eingebrannt. Dabei reagieren die oxidischen Flussmittelteilchen mit der oxidischen Keramikoberfläche und bilden eine wenige µm dicke Schmelzschicht. In diese Schicht sind die Metallpulverteilchen formschlüssig eingelagert. Während des Fügens verbinden sich die aufgebrannten Metallteilchen mit dem Metalllot.

Die Möglichkeit, dass auf atomarer Ebene bei ausreichend großer Berührungsfläche trotz der genannten stofflichen Differenzen Austauschvorgänge stattfinden, wird beim sogenannten Diffusionsschweißen genutzt. Die zu fügenden Bauteile werden in einer Presse mit beheizbarem Werkzeug fixiert. Die gleichzeitige Wirkung von höherer Temperatur und Druck erleichtern in der Grenzfläche eine Diffusion, die dem Verfahren ihren Namen gegeben hat. Von Schweißen im eigentlichen Sinn kann man nur sprechen, wenn ohne Hilfsstoffe gearbeitet wird, z. B. ein

Keramik-Bauteil mit einem anderen direkt gefügt wird. Ist die Anwendung einer anders zusammengesetzten, den Stoffaustausch vermittelnden Schicht notwendig, ist die Anwendung des Begriffes Diffusionsschweißen eigentlich irreführend.

Weitaus günstiger gestaltet sich das Fügen gleichartig zusammengesetzter Keramikbauteile im noch nicht gebrannten Zustand. Es wird häufig angewendet, wenn sich Bauteile aufgrund ihrer Größe oder auch der Kompliziertheit ihrer Form nicht monolithisch herstellen lassen. Sie werden dann in leichter produzierbare Teile zerlegt und im lederharten (Abschn. 3.3.2) oder getrockneten Zustand aufeinandergesetzt. Damit in der Fügestelle die zur Erzeugung einer festen Verbindung erforderlichen Austauschprozesse stattfinden können, bedeckt man die Fügeflächen mit einem Schlicker derselben Zusammensetzung wie die Bauteile. Das Suspensionsmittel wird vom noch porösen Scherben aufgesaugt, und die Adhäsionskräfte der Pulverteilchen vermitteln im Mikrobereich die Bindung. Beim anschließenden Sintern der Bauteile heilen die Nähte völlig aus. Der Vorgang wird als Garnieren bezeichnet.

Beispiel

Es ist erst in neuerer Zeit möglich, Henkel sofort an Kaffeekannen oder auch Kaffeetassen oder Zuckerdosen anzugießen. Früher wurden die Henkel gesondert gegossen und an das eigentliche Gefäß angarniert.

Beispiel

Große elektrische Isolatoren, z. B. sogenannte Überwürfe mit bis zu 6 m Höhe, werden als mehrschirmige Ringe gedreht und dann durch Garnieren zum Isolatorrohling der gewünschten Größe garniert.

Beispiel

Werden Keramikisolierbauteile mit ringförmigen Metallbauteilen gefügt, z. B. für Röntgenstrahler oder Hochleistungsschalter, wendet man häufig das Aufschrumpfen der Metallteile auf die Keramik an. Man nutzt aus, dass der thermische Ausdehnungskoeffizient der Metalle größer als der der Keramiken ist. Das Verfahren besteht aus den Schritten: Aufheizen auf die Fügetemperatur, Schieben des Metallbauteils über das Keramikbauteil und langsames Abkühlen des verbundenen Körpers. Wegen des größeren thermischen Ausdehnungskoeffizienten zieht sich der Metallring beim Abkühlen stärker als die Keramik zusammen. Er schrumpft auf. Die Fügeverbindung kann durch zusätzliche Beschichtung der Keramik mit niedrig schmelzendem Metallpulver abgedichtet werden.

3.5.3 Beschichten

Das Beschichten hat zwei unterschiedliche Aufgaben. Einmal werden Keramiken mit Metallen beschichtet. Man spricht vom Metallisieren. Zum anderen wird Keramikpulver auf Kunststoff oder Metallbauteile aufgetragen und bildet einen keramischen Überzug. Die möglichen Verfahren sind so breit gefächert, dass hier nur ein ganz kurzer Überblick gegeben werden kann. Etwas ausführlichere Darlegungen erfolgen in [3] an verschiedenen Stellen gegeben.

Man unterscheidet physikalische und chemische Verfahren. Beide Gruppen gehen von einer Zerteilung der auf eine Oberfläche aufzubringenden Materialien bis in atomare bzw. ionare Größenordnung aus. Wie beim Fügen, geht es um die Überwindung oder auch Ausnutzung von Oberflächenkräften, um Diffusions- und Schmelzvorgänge sowie chemische Reaktionen. Ganz wichtig ist es, homogene, dichte Schichten mit einem definierten Kristallaufbau zu erzeugen.

Das Metallisieren von Keramiken wird in der Regel im Zusammenhang mit elektrischen Wirkungen angewendet.

Beispiel

Leistungselektronische Schaltkreise basieren meist auf Korund- oder auf Aluminiumnitrid-Keramiksubstraten. Auf die häufig nur 200 µm dicken, hoch ebenen und glatten Keramikscheiben müssen elektrische Leiterbahnen und Kontaktpunkte aufgebracht werden. Sie bestehen aus Aluminium, seltener aus Kupfer, Silber oder gar Gold. Das Abscheiden der Metalle erfolgt meist unter Verwendung von Masken durch Siebdrucken, Verdampfen oder Sputtern. Bei Letzterem werden Metallatome in einem Vakuumbehälter mittels Gasentladung aus einem Target (Kathode) herausgelöst und gelangen in einem elektrischen Feld auf das zu beschichtende Keramiksubstrat. Abbildung 3.18 zeigt das Prinzip einer Sputteranlage.

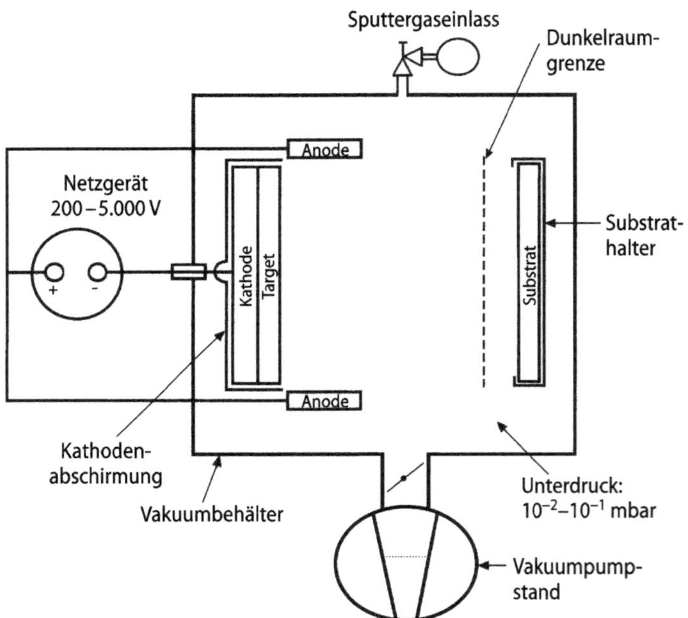

Abb. 3.18 Schema einer Sputteranlage. Das zu beschichtende Erzeugnis ist *rechts* mit „Substrat" bezeichnet. *Links* befindet sich das vorgefertigte Target. Es besteht aus dem gewünschten Schicht-Material (Veröffentlichung mit freundlicher Genehmigung des Karl Hofmann-Verlags [10, Abb. 4.2.1.3.1.])

Beispiel

Es können auch flächige Metallisierungen stattfinden. Dazu zählen die für das Löten vorzubereitenden Keramikoberflächen, Kontakte für die Ableitung elektrischer Ladungen, wärmeleitende und spiegelnde Schichten. Das Aufdampfen der Metalle und das Sputtern stehen hier im Vordergrund.

Beispiel

Eine wichtige Rolle spielt das Aufbringen leitfähiger Metallschichten auf noch ungebrannte Keramikbauteile, z. B. bei der Herstellung von Mehrlagenkondensatoren und für low-temperature-cofired-ceramics

(LTCC-Bauelemente). Auf sie wird in Abschn. 5.9 näher eingegangen. Die Metallschichten müssen die Temperaturen für das Sintern der Keramikschichten aushalten, was zu vielen Problemen führt.

Sollen Keramikschichten auf Metall- oder auch auf Kunststoffbauteile aufgetragen werden, hat das meist das Ziel, sie gegen mechanischen Verschleiß beständiger zu machen. Es werden aber auch poröse und bioaktive Schichten auf Metallimplantaten erzeugt, damit sie besser im Knochen fixiert werden können. In der Weltraumtechnik sollen keramische Schichten die Metallteile vor direkter Wärmeeinwirkung beim Wiedereintritt der Flugkörper in die Atmosphäre schützen.

Die Abscheidung kann mittels Keramikpulver erfolgen, das in Laser- oder Plasmastrahlen bei sehr hohen Temperaturen zunächst geschmolzen wird. Es bilden sich kleinste Tröpfchen, die sich auf der Erzeugnisoberfläche ablagern und dort wieder kristallisieren. Das Problem besteht in eingeschlossenen Poren und der meist anisotropen Kristallisation. Oft entstehen gar nicht die gewünschten Kristalle, sondern die Schicht wächst epitaktisch auf die Erzeugnisoberfläche auf. Das bedeutet, dass die Kristalle über mehrere Kristallgitterebenen hinweg wie die des Substrats wachsen. Aus beiden Gründen wird oft thermisch nachbehandelt. Sollen Keramikschichten abgeschieden werden, die aus Verbindungen mehrerer Ausgangssubstanzen bestehen, besteht die Gefahr der Entmischung, da die einzelnen Bestandteile verschiedene Schmelz- und Verdampfungstemperaturen besitzen.

Eine elegante, aber nicht sehr produktive und zusätzlich sehr teure Gruppe von Beschichtungsmethoden stellen die physikalische und chemische Abscheidung aus der Dampfphase (PVD und CVD) dar. Der Vorteil besteht in der exakten chemischen Zusammensetzung der Deckschichten und der Möglichkeit, sie sehr dünn herzustellen. Die Dampfabscheidung wird dann bevorzugt eingesetzt, wenn Nichtoxid-Keramikschichten auf einem Metallsubstrat oder auch auf einem Kunststoffsubstrat abgelagert werden sollen. Die gewünschten Schichtzusammensetzungen bilden sich erst durch Reaktionen von gezielt zusammengesetzten Ausgangsgasen unter Zuhilfenahme von Plasmen.

Literatur

1 RÖMPP: Online Chemie-Lexikon. Georg Thieme Verlag, Stuttgart (2013)

2 Kollenberg, W. (Hrsg.): Technische Keramik – Grundlagen, Werkstoffe, Verfahrenstechnik, 2. Aufl. Vulkan-Verlag, Essen (2009)

3 Salmang, H., Scholze, H.: Keramik. 7., vollständig neubearbeitete und erweiterte Auflage, hrsg. von Reiner Telle. Springer, Berlin, Heidelberg, New York (2007)

4 Haase, Th.: Keramik, 2. Aufl. VEB Deutscher Verlag für Grundstoffindustrie, Leipzig (1968)

5 Heinrich, J.G. und Gomes, C.M.: Einführung in die Technologie der Keramik; Vorlesungsmanuskript, TU Clausthal

6 Hülsenberg, D., Krüger, H.-G., Steiner, W.: Keramikformgebung. Springer, Berlin, Heidelberg, New York (1989)

7 Kriegesmann, J. (Hrsg.): Technische Keramische Werkstoffe, Lose-Blatt-Sammlung mit Austausch- und Ergänzungslieferungen; HvB-Verlag Ellerau (laufend)

8 Fraunhofer Institut für Keramische Technologien und Systeme: Jahresbericht. IKTS, Dresden (2010/2011)

9 Spur, G.: Keramikbearbeitung – Schleifen, Honen, Läppen, Abtragen. Carl Hanser Verlag, München Wien (1989)

10 Gläser, H.J.: Dünnfilmtechnologie auf Flachglas. Verlag Karl Hofmann, Schorndorf (1999)

Silikat-Keramiken für technische Anwendungen 4

4.1 Zugehörige Werkstoffe

▶ **Definition** Der Hauptbestandteil von Silikat-Keramiken ist SiO_2, das mit anderen Oxiden, vielfach Al_2O_3, Silikate bildet. Obwohl SiO_2 auch ein Oxid ist, wird die Silikat-Keramik als eine gesonderte Gruppe der Keramik-Werkstoffe behandelt. Der Grund besteht u. a. im Einsatz toniger Rohstoffe (Tone und Kaoline), die eine plastische Formgebung z. B. durch Drehen ermöglichen (Abschn. 3.3.2). Diese Rohstoffe kommen in der Natur vor, werden bergmännisch gewonnen und unterliegen einer Aufbereitung (Abschn. 3.2).

Ton-Keramiken, aus denen man vor allen Dingen Gebrauchsgegenstände, figürliche Erzeugnisse, Sanitärkeramik und Baumaterialien herstellt, wurden bereits in Abschn. 2.1 behandelt. Eine Ausnahme bildet das Elektroporzellan (Abschn. 4.2), da sich die Zusammensetzung und Verfahren der Herstellung sowie die Eigenschaften von technischem Porzellan deutlich von Haushaltsporzellan und figürlichem Porzellan unterscheiden.

Zu den Silikat-Keramiken zählen weiterhin Steatit- (Abschn. 4.3.), Cordierit- (Abschn. 4.4.) und Mullit- (Abschn. 4.5) Keramik. Tonige Rohstoffe erleichtern auch hier die Formgebung.

© Springer-Verlag Berlin Heidelberg 2014
D. Hülsenberg, *Keramik*, Technik im Fokus, DOI 10.1007/978-3-642-53883-4_4

4.2 Elektroporzellan

4.2.1 Zusammensetzung und Struktur

Technisches Porzellan, hier speziell Elektroporzellan, gehört zu den Hartporzellanen. Ausführliche Informationen zur aktuellen Entwicklung auf dem Gebiet kann man [1, Abschn. 3.1.2] entnehmen.

▶ **Definition** *Hart*porzellan zeichnet sich im Vergleich zum vielfach für Geschirr und Kunstgegenstände eingesetzten *Weich*porzellan durch einen großen Anteil an der elektrisch hoch isolierenden und hoch feuerfesten Kristallphase Mullit ($3\,Al_2O_3 \cdot 2\,SiO_2$) aus.

Da Mullit in der ursprünglichen Zusammensetzung von Elektroporzellan die einzige Kristallphase war, wird es auch – in Abgrenzung zu neueren Entwicklungen – als *Mullit-Porzellan* bezeichnet. Die zur Herstellung eingesetzten Rohstoffe enthalten SiO_2, Al_2O_3 und K_2O im Sand, Kaolin und Feldspat sowie Al_2O_3 auch aus Tonerde und Bauxit. Der Anteil des Flussmittels Feldspat und damit von K_2O wurde so gering wie möglich gehalten, etwa 3–5 % K_2O.

Während des Brennens bildet sich durch Festphasenumwandlung der plättchenförmigen Tonminerale des Kaolins oberhalb 1000 °C die schuppenförmige Kristallphase Mullit ($3\,Al_2O_3 \cdot 2\,SiO_2$). Etwa parallel entsteht an der Grenzfläche zwischen Sand- und Feldspatkörnern eine niedrig schmelzende Verbindung, die eutektische Schmelze (Abschn. 3.4). Sie besitzt durch den hohen SiO_2-Anteil eine sehr hohe Viskosität. Die Schmelze sorgt durch ihre Oberflächenspannung für ein Zusammenrücken der Mullit-Kristalle und ist für das Dichtsintern bei etwa 1450 °C zuständig. Man spricht von einer Schmelzphasensinterung. Die Mullitkristalle bilden ihrerseits eine Kartenhausstruktur, die einer Deformation des Porzellans während des Brandes entgegenwirkt. Beim Abkühlen kristallisiert aus der Schmelze nochmals Mullit, nun aber nadelförmig. Es bleibt ein Anteil an Schmelze übrig, die als fein verteilte Glasphase erstarrt. Der flüssigkeits- und gasdichte Scherben kann 1–2 Volumen-% geschlossene Poren enthalten. Der Werkstoff enthält Schuppen- und Nadelmullit sowie die unstrukturierte Glasphase.

Da z. B. Langstabisolatoren für 380 kV Wechselspannungsleitungen sehr hohen mechanischen Belastungen unterliegen, versuchte man frühzeitig, ihre Festigkeit zu erhöhen. Zu Lasten des Flussmittels Feldspat wurde zunächst mehr fein gemahlener Sand in die keramische Masse gegeben. Er bildet einerseits mit dem Feldspat die bereits genannte eutektische, hochviskose Schmelze. Ein Teil des Sandes verbleibt aber im gebrannten Porzellan als sogenannter Restquarz, gelegentlich auch als Cristobalit (beides SiO_2-Kristalle unterschiedlicher Modifikation). Aufgrund von beim Abkühlen der Isolatoren nach dem Brand auftretenden Modifikationswechseln und damit verbundenen Dehnungssprüngen sowie generellen Dehnungsunterschieden bilden sich um die verbliebenen Quarzkriställchen herum Mikrospannungen. Es handelt sich um tangentiale Druckspannungen, die bei definierter Größe die Festigkeit des Porzellans erhöhen. Man spricht von Mikro-Druckverspannung. Werden die Mikrospannungen aber zu hoch, tritt der gegenteilige Effekt auf. Es bilden sich dann um die Quarzkristalle herum Risse, wie man es auf Abb. 4.1 erkennen kann. Das sogenannte *Quarz-Porzellan* wird deshalb nicht mehr erzeugt, befindet sich aber auch heute noch im Einsatz.

Ein anderer Weg zur Steigerung der Festigkeit bestand in der Erhöhung des Gehaltes an Mullit-Kristallen durch Zumischung von Tonerde. Letzterer Begriff hat historische Ursachen und nichts mit den bereits genannten tonigen Erden zu tun. Bei Tonerde handelt es sich um ein weiches Aluminiumhydratpulver. Auf Grund des geringeren Anteils an Flussmitteln erforderte das Dichtsintern von *Tonerde-Porzellan* mindestens 1450 °C. In Abhängigkeit von der Menge der zugegebenen Tonerde enthält das Tonerde-Porzellan auch Korund-Kristalle, d. h. reines α-Al_2O_3. Diese Kristallphase weist eine erhebliche mechanische Festigkeit und elektrische Isolationsfähigkeit auf. Der Anteil an Korund-Kristallen wurde schrittweise erhöht.

Der aktuell im Elektroporzellan sehr hohe Anteil an Al_2O_3 wird durch calcinierte Tonerde und fein gemahlenen, unbedingt eisenoxidarmen Bauxit zu Lasten der tonigen Rohstoffe erreicht. Man spricht in Anlehnung an den Rohstoff von *Bauxit-Porzellan*. Um dennoch eine plastisch formbare Masse zu erhalten, müssen hochplastische weißbrennende Tone oder Kaoline eingesetzt werden. Hier bieten sich Dreischichtminerale an. Wenn zwischen den einzelnen Schichtpaketen Alkalikationen eingelagert sind, lässt sich sogar die Dichtsintertemperatur auf etwa 1250–

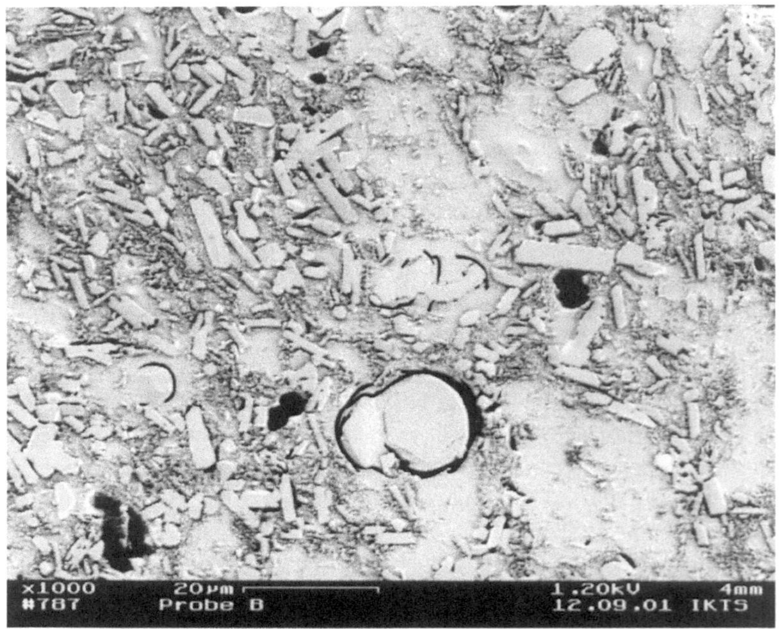

Abb. 4.1 Rasterelektronenaufnahme von Porzellan, die insbesondere die Loslösung eines nach dem Brand verbliebenen Quarzkorns aus seiner Umgebung zeigt (Veröffentlichung mit freundlicher Genehmigung des HvB-Verlags, Ellerau [3, 75. Erg.-Lfg., Abschn. 4.1.1.3, Bild 10a])

1300 °C senken. Eine Vorstellung von der Mikrostruktur des Bauxitporzellans vermittelt Abb. 4.2.

4.2.2   Mechanische Eigenschaften

Sowohl die kristalline als auch die amorphe (glasige) Phase des Porzellans bestehen aus Anionen und Kationen. Es handelt sich um Si^{4+}, Al^{3+}, K^+ und O^{2-}. Zwischen den Anionen und Kationen existieren in erster Linie heteropolare Bindungen. Die Elektronen sind also, im Unterschied zu den Metallen mit deren *freier* Elektronenwolke, *fest* positio-

Abb. 4.2 Struktur von chemisch angeätztem, hochfestem Bauxit-Porzellan. Die schwarzen Stellen sind Poren, die glatten Körner Korund und die rauen Schuppen sowie Nadeln Mullit. Die Glasphase wurde weggeätzt (Veröffentlichung mit freundlicher Genehmigung des Vulkan-Verlags, Essen [2, S. 175, Bild 11b])

niert. Wirkt eine mechanische Kraft, können im Gegensatz zu Metallen keine Gleitvorgänge initiiert werden. Überschreiten die äußeren mechanischen Kräfte die Bindungskräfte zwischen den Ionen, bricht der Werkstoff spontan. Er ist spröde [4].

Da die Bindungskräfte zwischen den Ionen sehr hohe Werte erreichen können, verwundert es zunächst, dass Porzellan schon bei relativ niedrigen Spannungen bricht. Weiterhin weiß man aus der Erfahrung, dass sich bei Porzellan die Druckfestigkeit zur Biegefestigkeit zur Zugfestigkeit wie etwa $10:2:1$ verhalten. Worauf ist das zurückzuführen? Hier spielt die Struktur eine wichtige Rolle. Rein visuell erscheint die Bruchfläche des Porzellans homogen. Wie aber auf den Abb. 4.1 und 4.2 deutlich zu sehen ist, besitzt Elektroporzellan eine im Mikrobereich inhomogene Struktur. Sowohl an den Korngrenzen als auch innerhalb der

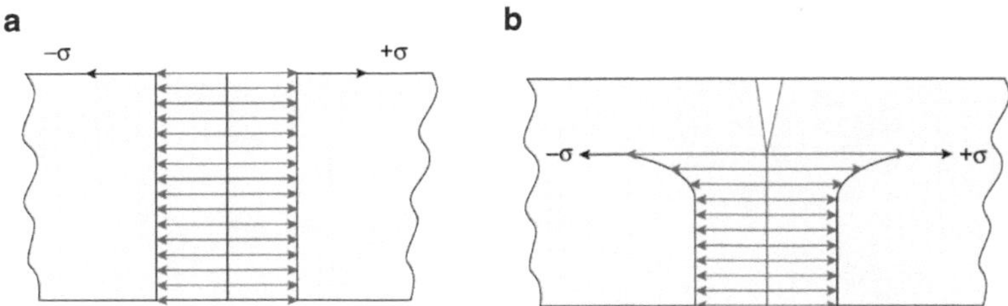

Abb. 4.3 Vorgänge während des Sprödbruches; **a** die Zugspannungslinien breiten sich ungestört durch das Erzeugnis aus; **b** ein von der Oberfläche des Erzeugnisses ausgehender Riss lenkt die Zugspannungslinien am Rissende vorbei; dadurch entsteht im Werkstoff an den Rissenden eine Spannungskonzentration, die bei Überschreiten der lokalen Festigkeit zu einer Rissverlängerung führt. Der Vorgang wiederholt sich bis zum plötzlichen Bruch des Erzeugnisses (Veröffentlichung mit freundlicher Genehmigung des Thieme Verlags, Stuttgart [1, Stichwort Risse])

Kristalle, der Glasphase und vor allen Dingen an den Poren ergeben sich Schwachstellen. Wie es für eine Kette typisch ist, bricht das Erzeugnis an der schwächsten Stelle.

Außerdem weist jedes Keramikerzeugnis oberflächige Fehler aus dem Gebrauch und innere Fehler aus der Fertigung auf. Es handelt sich um wenige µm lange, gerade oder gebogene sowie flächige Risse. Werden diese Risse durch Zugspannungen auseinandergezogen, entsteht an den Rissenden eine Spannungskonzentration. Sie führt zu einer lokalen Überschreitung der Festigkeit. Der Vorgang schaukelt sich hoch, bis die verbleibende, spannungsübertragende Fläche zu klein wird und das Porzellanerzeugnis spontan, d. h. spröde, bricht. Abbildung 4.3 verdeutlicht die Abläufe.

Aus Abb. 4.3 kann man aber auch ableiten, dass bei Druckspannung statt Zugspannung die Rissflächen gegeneinander gepresst werden. Es entsteht ein Kraftschluss. Die Spannungslinien durchqueren das Erzeugnis ohne besondere Beeinflussung. Sie „bemerken" den Riss gar nicht.

Da die Fehlstellen regellos zur Richtung einer von außen wirkenden Zug- oder auch einer Biegespannung angeordnet sind und unterschiedlich stark wirken, folgt aus diesem Verhalten auch eine sehr breite Streuung der tatsächlichen Festigkeitswerte. Es ist also notwendig, eine größere Anzahl an Probekörpern auf z. B. Vierpunkt-Biegebelastung zu prüfen, um sich ein Bild von dieser Streuung zu verschaffen.

Um Sprödbrüche von Porzellan zu vermeiden, gibt es folgende Wege:

- Herbeiführung einer maximal möglichen Homogenität des Scherbens durch verfahrenstechnische Maßnahmen.
- Vermeidung von inneren und vor allem oberflächennahen Rissen über 5 µm Länge.
- Aufschmelzen einer Glasur, die eine oberflächige Druckvorverspannung des Porzellanscherbens bewirkt.
- Auswahl solcher konstruktiver Lösungen, dass das Porzellanbauteil weitgehend nur auf Druck beansprucht wird.
- Gestaltung von auf Druck beanspruchten Fügeverbindungen mit anderen Werkstoffen.

4.2.3 Herstellung von Hochspannungs-Porzellanisolatoren

Die folgenden Ausführungen beziehen sich auf Langstab-Isolatoren für Hochspannungsleitungen, z. B. Bahnisolatoren, 380 kV Überlandleitungen, auf Überwürfe und Stützisolatoren für Trafos und elektrische Hochspannungsschaltanlagen. Um elektrische Überschläge zu vermeiden, ist es erforderlich, die Oberflächen auch unter rauen klimatischen Bedingungen von Verschmutzung und Feuchtigkeit freizuhalten. Das erfolgt durch eine Glasur, die durch die Wirkung der auftreffenden und abfließenden Regentropfen gereinigt wird, wobei das Abfließen des Regenwassers durch eine Delta-(Δ-)Form unterstützt wird. Abbildung 4.4 zeigt im Vordergrund zwei Langstabisolatoren.

Die Grundrohstoffe werden gemischt und zu einer bildsamen Masse aufbereitet, die durch Drehen bearbeitbar ist. Im Unterschied zur Formung von rotationssymmetrischem Geschirr, wird hier das maschinelle Kopierdrehen auf CNC-Maschinen mit senkrecht stehender Drehachse angewendet. Zunächst formt man eine Walze oder ein Rohr, dessen Länge dem gewünschten Isolator nahekommt. Die Masse wird so lange getrocknet, bis sie nur noch etwa 15 % Feuchtigkeit besitzt. Sie hat dann eine „lederharte" Konsistenz. Das Halbzeug wird programmgesteuert mit einer geformten Messerschlinge, die die Geometrie der Schirme aufweist, bearbeitet. Man erhält einen – theoretisch – endlosen Span. Es

Abb. 4.4 Mit brauner Glasur überzogene Langstabisolatoren für einen Einsatz bei 380 kV (Veröffentlichung mit freundlicher Genehmigung durch die PPC Insulators, Elektrokeramik Sonneberg GmbH)

schließen sich Trocknen, Glasieren, Brennen bei 1400–1450 °C und die mechanische Nachbearbeitung an.

Es ist aber auch möglich, einen Hubel isostatisch zu pressen, völlig zu trocken und dann im sogenannten weißen (trockenen) Zustand abzudrehen. Beide Varianten werden angewendet und haben ihre Vor- und Nachteile.

In [5] kann man sich genauer zur Formgebung von Porzellanisolatoren informieren.

4.3   Steatit-Keramik

▶ **Definition** Es handelt sich um einen dichten, weißen Keramik-Werkstoff mit der Kristallphase Protoenstatit ($MgO \cdot SiO_2$). Außerdem enthält Steatit-Keramik fein verteilte Glasphase mit einem hohen Anteil an SiO_2.

Ausführliches zu Steatit-Keramik kann man aus [3, Abschn. 3.1.3] entnehmen.

Der Hauptrohstoff für die Herstellung von Steatit-Keramik ist Speckstein bzw. Talkum. Er wird als Gestein noch heute zur Herstellung von Figuren benutzt. Die leichte mechanische Bearbeitbarkeit resultiert aus dem schichtförmigen Kristallgitter. Wahrscheinlich eher durch Zufall stellte man fest, dass Speckstein beim Erhitzen Kristallwasser verliert und in ein sehr hartes, temperaturbeständiges, elektrisch isolierendes Material umwandelt. Es lag nahe, eine Mischung von Speckstein mit den für Porzellan bekannten Rohstoffen Kaolin und Feldspat vorzunehmen, diese zu formen und zu brennen. Es entstand der Steatit. Eine spektakuläre Anwendung erfolgte, als man für den ersten deutschen Radiosender in Königs-Wusterhausen bei Berlin einen mechanisch hochfesten und elektrisch isolierenden Sockel für den Sendemast benötigte. Porzellan erfüllte zwar die elektrischen, nicht aber die mechanischen Forderungen.

Man stellt noch heute Steatit-Keramik aus den Rohstoffen Speckstein (bis 80 %), Feldspat und Ton her. Speckstein ist ein weiches Magnesiumhydrosilikat der Zusammensetzung $Mg_3[(OH)_2Si_4O_{10}]$. Die Zugabe von Ton erleichtert die bildsame Formgebung von Steatit-Massen. Feldspat senkt – hier im Zusammenspiel mit Ton – die Sintertemperatur und verbreitert das technisch zulässige Sinterintervall. Beim Brennen spaltet Speckstein (wie die Tonmineralien) das Hydratwasser ab. Es entsteht die Kristallphase Protoenstatit ($MgO \cdot SiO_2$) mit einem sehr hohen spezifischen elektrischen Widerstand. Gleichzeitig fallen in der Steatit-Keramik die dielektrischen Verluste im Vergleich zu Porzellan auf etwa die Hälfte. Die Druckfestigkeit steigt auf das Doppelte. Abbildung 4.5 zeigt die Mikrostruktur.

Soll der Einsatz im Hochfrequenzbereich erfolgen, wird der Feldspat durch Bariumkarbonat ersetzt. Es dissoziiert beim Brennen zu BaO und CO_2. Das BaO wirkt einerseits ebenfalls als Flussmittel. Andererseits führt der große Ionenradius des Ba^{2+} zu einer nochmaligen, deutlichen Steigerung des spezifischen elektrischen Widerstands bei gleichzeitiger Senkung der dielektrischen Verluste. Der Werkstoff hat die Bezeichnung Sondersteatit-Keramik erhalten und wird heute noch angewendet. Hier sind insbesondere elektrische Schaltgeräte, die Licht- und Wärmetechnik, die Fahrzeugelektrik und der elektrische Apparatebau zu nennen.

Abb. 4.5 REM-Aufnahme einer mit Flusssäure angeätzten Bruchfläche von Steatit-Keramik: Protoenstatit-Kristalle in umgebender Glasmatrix [6, Abb. 436]

Die Formgebung erfolgt auf der Basis von Sprühgranulat durch Trockenpressen, Drehen, Gießen und Spritzgießen. Das Sintern benötigt Temperaturen von 1350 °C.

4.4   Cordierit-Keramik

▶ **Definition** Der Werkstoff wird nach seiner die Eigenschaften bestimmenden Kristallphase Cordierit bezeichnet. Cordierit ist ein Magnesium-Alumosilikat der Zusammensetzung $2\,MgO \cdot 2\,Al_2O_3 \cdot 5\,SiO_2$, das im keramischen Werkstoff als während des Sinterns entstehende, hexagonale Hochtemperaturphase Indialit vorliegt.

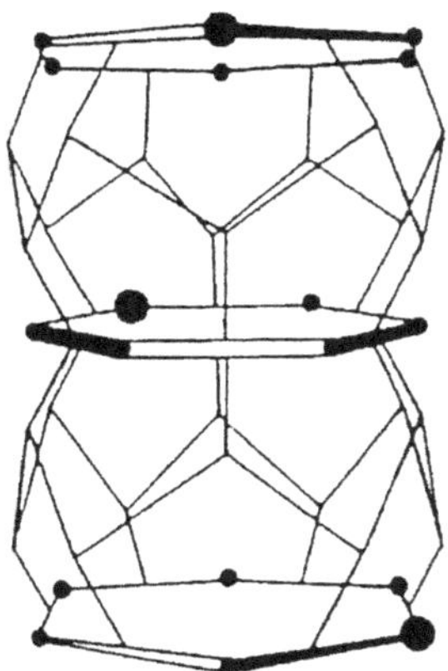

Abb. 4.6 Modell zur räumlichen Anordnung der hexagonalen Flächen aus Al^{3+}-
(*große Punkte*) und fünf Si^{4+}-Kationen (*kleine Punkte*) im Indialit. Die Ecken der
gezeichneten Flächen sind mit (nicht gezeichneten) O^{2-}-Anionen besetzt. Zum La-
dungsausgleich befinden sich zwischen den sechseckigen Flächen Mg^{2+}-Kationen
(ebenfalls nicht gezeichnet) (Veröffentlichung mit freundlicher Genehmigung des
Vulkan-Verlags, Essen [2, S. 192, Bild 26])

Ausführlich kann man sich zu Cordierit-Keramik in [2, Abschn. 3.1.4]
informieren. Sie besitzt einen sehr niedrigen thermischen Ausdehnungskoeffizienten. Dadurch erhält der Werkstoff eine gute Temperaturwechselbeständigkeit, die der Hauptgrund für seine Anwendung ist. Weiterhin
unterstützt eine meist vorhandene Porosität diesen Effekt. Die Ursache
für den niedrigen Ausdehnungskoeffizienten des Werkstoffs besteht in
einem stark anisotropen Kristallaufbau (Abb. 4.6).

Von 7 in einer Gitterzelle theoretisch vorhandenen Si^{4+}-Kationen sind
jeweils 2 gegen $2\,Al^{3+}$-Kationen ausgetauscht. Dieser Vorgang allein
würde aber keinen elektrisch neutralen Kristall ergeben. Der Ladungs-
ausgleich erfolgt, indem zusätzlich zu den $2\,Al^{3+}$-Kationen noch $1\,Mg^{2+}$-
Kation in das Gitter eingelagert wird. Es muss aber einen Zwischengit-
terplatz einnehmen, wozu das kleine Mg^{2+}-Kation auch in der Lage
ist.

Man kann sich vorstellen, dass sich die thermische Dehnung senkrecht zu den sechseckigen Flächen anders als in Richtung dieser Flächen

verhält. Mit steigender Temperatur dehnen sich die Kristalle in Richtung der Flächen (a-Richtung) stärker als senkrecht (c-Richtung) dazu aus. In c-Richtung ziehen sie sich sogar zusammen, wie man es von der Einschnürung duktiler, metallischer Werkstoffe vor dem Bruch durch Zugbelastung kennt. Daraus resultiert, dass sich Indialit-Einkristalle bei Temperaturerhöhung extrem anisotrop verhalten.

Cordierit-Keramik ist jedoch, wie andere Keramiken, ein polykristalliner Werkstoff mit einer völlig willkürlichen Anordnung von etwa 5 µm kleinen Kristallen, die sich in einer Glasmatrix befinden. Dadurch kompensieren sich die achsabhängigen Dehnungen mehr oder weniger stark. Da der Werkstoff auch noch Glasphase und gegebenenfalls Mullit-Kristalle mit Ausdehnungskoeffizienten in der Größenordnung von $5 \cdot 10^{-6} \, \mathrm{K}^{-1}$ enthält, entsteht, abhängig vom Anteil der Phasen, eine insgesamt positive, aber sehr niedrige thermische Dehnung von etwa $2 \cdot 10^{-6} \, \mathrm{K}^{-1}$.

Beispiel

Cordierit-Keramik dieser Art wird beispielsweise in der Keramikindustrie selbst als Brennhilfsmittel eingesetzt. Diese müssen möglichst oft das Erhitzen und Abkühlen im keramischen Brand ohne Zerstörung überstehen.

Beispiel

Der niedrige thermische Ausdehnungskoeffizient prädestiniert diese Keramik auch zur Herstellung von Katalysatorträgern für die Automobiltechnik. Verbrennungsmotoren werden angelassen, erreichen schnell eine Betriebstemperatur der Abgase um 1050 °C und kühlen beim Abschalten schnell aus. Beim start-stop-Betrieb vor allem in Städten tritt dieser Vorhang sehr häufig auf. Das führt zu einer hohen Temperaturwechselbelastung der Katalysatorträger. Die Cordierit-Keramik-Katalysatorträger gehören zur Gruppe der Wabenkeramik. Sie besitzen parallel geführte, < 1 mm dünne Kanäle, die mit den Edelmetallen Platin oder, heute verstärkt, mit Palladium, dem eigentlich aktiven Katalysatorwerkstoff, beschichtet sind. Je Katalysator werden etwa 2 g Palladium eingesetzt.

Die Abgase strömen durch die langen Waben und erhitzen den Katalysatorträger, wobei zusätzlich zum Anlassen und Ausschalten ein

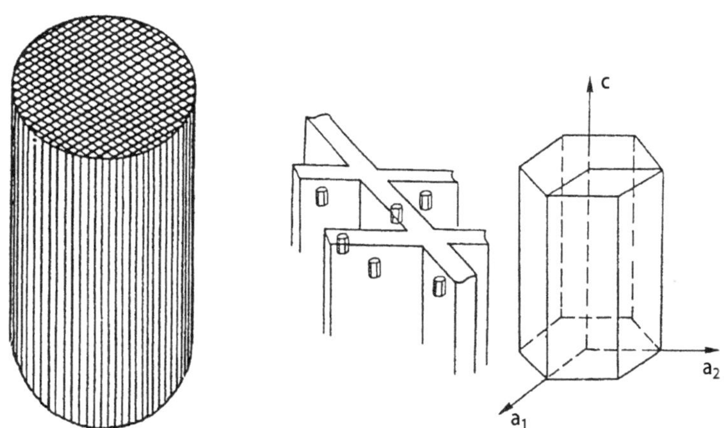

Abb. 4.7 Schema eines Katalysatorträgers und die Ausrichtung der Indialit-Kristalle mit der Achse ihrer niedrigsten Ausdehnung in der ursprünglichen Extrusionsrichtung. Es sind die Achsen a und c eingezeichnet (Veröffentlichung mit freundlicher Genehmigung des Vulkan-Verlags, Essen [2, S. 195, Bild 31])

Temperaturgradient entsteht. Das führt dazu, dass es in diesem speziellen Fall günstig ist, einen nicht völlig isotropen, sondern einen leicht anisotropen Cordierit-Keramikwerkstoff einzusetzen.

Die Rohstoffe für die Cordierit-Wabenkeramik sind in erster Linie Speckstein bzw. Talkum und Ton. Talkum besitzt die Zusammensetzung $3\,MgO \cdot 4\,SiO_2 \cdot H_2O$, das Tonmineral Kaolinit die Zusammensetzung $Al_2O_3 \cdot 2\,SiO_2 \cdot 2\,H_2O$. Erst nach Abspaltung des Kristallwassers bildet sich aus Talkum und Kaolinit beim Brennen die Hochtemperaturphase des Cordierits, der bereits genannte Indialit. Da sowohl das Talkum als auch der Kaolinit eine plättchenförmige Struktur aufweisen, gleiten die Plättchen während der Formgebung durch Strangziehen (Abschn. 3.3.2) an den Stäben des Werkzeuges. Sie richten sich im Geschwindigkeitsgefälle aus. Das wirkt sich auf die Anordnung der durch die Festphasenreaktion entstehenden Indialit-Kristalle aus. Sie erhalten eine Vorzugsrichtung (Abb. 4.7).

Die thermische Dehnung des Katalysatorträgers ist in Richtung der strömenden Gase geringer als über den Querschnitt desselben. Häufig nimmt sie sogar in Abhängigkeit von der Temperatur negative Werte an.

Weiterhin führen die anisotropen Indialit-Kristalle zu Mikrodruckspannungen in der Glasphase des Werkstoffs. Das erhöht die mechanische Festigkeit, so lange sie nicht einen Grenzwert überschreiten. Deshalb weist Cordierit-Keramik in der Regel eine geringe Festigkeit auf. Man hilft sich in Cordierit-Brennhilfsmitteln durch Zugabe von synthetischem Mullit oder durch schwingungs- und stoßdämpfende Aufhängung der Katalysatorträger in Kraftfahrzeugen.

Beispiel

Cordierit-Keramik hat sich aber auch als Filter für Autogas etabliert. Autogas kann bis 200 verschiedene organische Verbindungen enthalten, die für den Verbrennungsvorgang im Motor schädlich sind [7]. Traditionelle Papierfilter quellen bei Anwesenheit von langkettigen Kohlenwasserstoffen, was die Funktionsfähigkeit behindert. Sie werden schrittweise durch Cordierit-Keramikfilter ersetzt.

Die Poren des Filters müssen einerseits so groß sein, dass die Strömung des Gases möglichst wenig behindert wird. Andererseits sollen die unerwünschten Bestandteile zurückgehalten werden. Neben relativ großen $100\,\mu m$ Poren, durch die der Haupt-Gastransport erfolgt, halten Poren von etwa $1\,\mu m$ Durchmesser die schädlichen Bestandteile an und in der dünnen Wandung zurück. Man spricht von einer bimodalen Porengrößenverteilung (Abb. 4.8).

Beispiel

Werden auf Temperaturwechsel beanspruchbare leistungselektronische Schaltkreise benötigt, greift man, neben der in Abschn. 6.5 behandelten Aluminiumnitrid-Keramik, auch auf 0,5–0,8 mm dünne Substrate aus Cordierit-Keramik zurück. Sie werden durch das Foliengießen nach Doctor (doctor-blade-method, Abschn. 3.3.1) hergestellt.

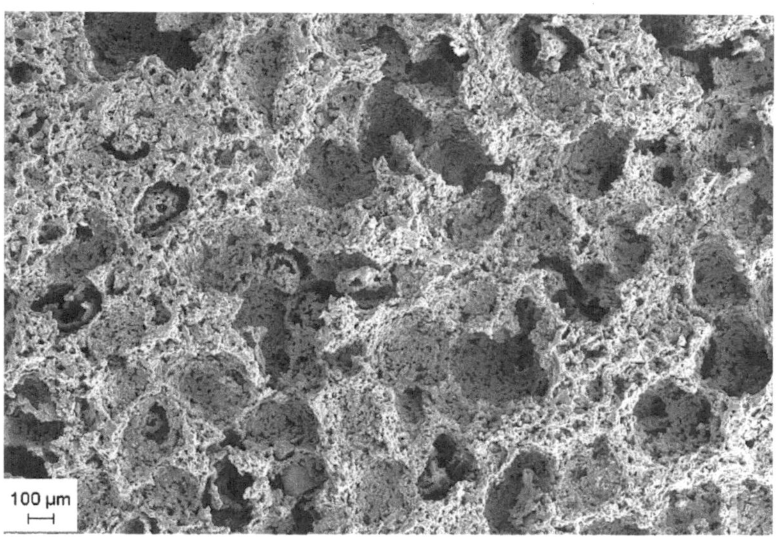

Abb. 4.8 Bimodale Porenverteilung in einem Autogasfilter aus Cordierit-Keramik. Die Hauptporen sind etwa 150 µm groß, die Poren für die eigentliche Filterung nur 1–5 µm (Veröffentlichung mit freundlicher Genehmigung des Fraunhofer-Instituts für Keramische Technologien und Systeme, IKTS [7, S. 32, Abb. 2])

Beispiel

Aber auch die in Abb. 2.4 gezeigten elektrischen Isolierbauteile werden aus Cordierit-Keramik produziert.

4.5 Mullit-Keramik

▶ **Definition** Mullit-Keramik besteht fast völlig aus der Kristallphase Mullit ($3\,Al_2O_3 \cdot 2\,SiO_2$) und ist ein weitgehend dichter, hochfeuerfester, korrosionsbeständiger und auch bei hohen Temperaturen elektrisch isolierender Werkstoff. Er enthält nur geringe Mengen an Glasphase (bei Schmelzphasensinterung) und häufiger Korund (bei Festphasensinterung). Mullit-Keramik kann einerseits in der Form von grobkeramischen Erzeugnissen auftreten. Dann handelt es sich um Feuerfest-Keramik.

Sind die Mullit-Keramikerzeugnisse feinkeramischer Natur (Kristallgröße um 10 µm), dann ähnelt das Erzeugnis eher einer hochfeuerfesten Oxidkeramik.

Mullit kommt nicht als natürliches Mineral oder Rohstoff vor. Er bildet sich erst in einem Hochtemperaturprozess. Es existieren fünf grundsätzliche Wege mit verschiedensten Modifizierungen:

- Der eine Weg besteht darin, dass sich Mullit aus tonigen Rohstoffen bildet, wie das bereits für Ton-Keramik, Elektroporzellan und Cordierit-Keramik erwähnt wurde. Das ist der Grund, warum im vorliegenden Fall die Mullit-Keramik im Kap. 4 behandelt wird. Auch Mullit-Feuerfestkeramik zählt in diese Gruppe. Die Kristallisation durch Festphasenumwandlung erfolgt pseudomorph entsprechend der Plättchenstruktur der Tonminerale als Schuppenmullit. Aus der beim Sintern entstehenden partiellen Schmelze kristallisiert Mullit nadelförmig. Die auf dieser Basis hergestellten Keramiken enthalten meist einen Überschuss an SiO_2 und in Abhängigkeit von den verwendeten Rohstoffen auch Glasphase.
- In der Natur kommen die dem Mullit ähnlich zusammengesetzten Minerale Andalusit und Sillimanit vor. Sie wandeln bei hoher Temperatur in Mullit um, wobei ebenfalls ein Überschuss an SiO_2 verbleibt.
- Mullit besteht chemisch aus 72–78 % Al_2O_3 und 28–22 % SiO_2. Durch eine geeignete Mischung aus Kaolin und α-Al_2O_3 oder aus fein gemahlenem Sand und α-Al_2O_3 kann man durch Sintern die gewünschte, hochreine Kristallphase herstellen.
- Mullit kann sich durch Kristallisation aus einer entsprechend zusammengesetzten Schmelze bilden.
- Mullit entsteht auch durch Trocknung und Sinterung von Gelen geeigneter chemischer Zusammensetzung. Dieser Weg wird häufig beschritten, wenn Substrate (meist metallische) mit Mullit beschichtet werden sollen.

Mullit kann sowohl einen geringen Überschuss an Al_2O_3 als auch an SiO_2 in das Kristallgitter einbauen. Die Kristalle sind bis 1810 °C beständig.

Beispiel

Wird Mullit-Feuerfestkeramik produziert, geht man einen grobkeramischen Weg. Vorgesinterter Mullit oder Schmelzmullit wird auf Körnung um etwa 1 mm zerkleinert. Zur Erleichterung der Formgebung wird als Bindemittel eine Mischung aus Kaolin und calcinierter, feinpulvriger Tonerde eingesetzt, die beim Brennen ebenfalls in Mullit umwandeln. Die Zusammensetzung wird so gewählt, dass beim Brand eine geringe Menge an Schmelzphase zur Erleichterung des Sinterns entsteht. Sie ist aber deutlich geringer als z. B. im Elektroporzellan. Die Formgebung erfolgt in der Regel durch uniaxiales Pressen (Abschn. 3.3.3). Mullit-Feuerfestkeramik enthält Poren. Grobkeramische Mullit-Feuerfestkeramik wird vor allem an elektrisch, mechanisch, chemisch und thermisch hoch beanspruchten Stellen als Wandmaterial im Elektroofenbau und in Glasschmelzwannen eingesetzt.

Beispiel

Bei nach Feinkeramik-Technologien hergestellter Mullit-Keramik handelt es sich um einen dichten, polykristallinen Werkstoff. Er wird nicht durch Schmelzphasensinterung dichtgesintert. Zwischen den schon zu Mullit umgewandelten, also synthetischen Rohstoffteilchen findet in erster Linie bei etwa 1750 °C Festphasensinterung statt. Die Verdichtung und Umwandlung in einen keramischen Scherben erfolgt durch Diffusion und nicht durch Fließprozesse. Die Formgebung erfolgt durch Gießen, Strangziehen oder auch durch isostatisches Pressen (Abschn. 3.3). Um hierbei eine ausreichende Homogenität der Mischung der Rohstoffe zu erhalten, wird zunächst ein Sprühgranulat hergestellt. Abbildung 4.9 zeigt die Struktur einer Mullit-Keramik. Man erkennt Balken und kleinere Körner. Außerdem fallen geschlossene Poren auf.

Die praktische Anwendungsgrenztemperatur von Mullitkeramik liegt bei etwa 1700 °C. Mullit-Keramik gehört somit zu den hochfeuerfesten Werkstoffen. Weiterhin weist Mullit-Keramik bei Raumtemperatur einen spezifischen elektrischen Widerstand von 10^{12}–$10^{15}\ \Omega \cdot \mathrm{cm}$ auf. Er liegt auch bei hohen Temperaturen noch deutlich über dem anderer Werkstoffe. Beim Einsatz von Mullit-Keramik geht es somit um Fälle, bei denen eine gute elektrische Isolierung bis zu höchsten Temperaturen gefordert

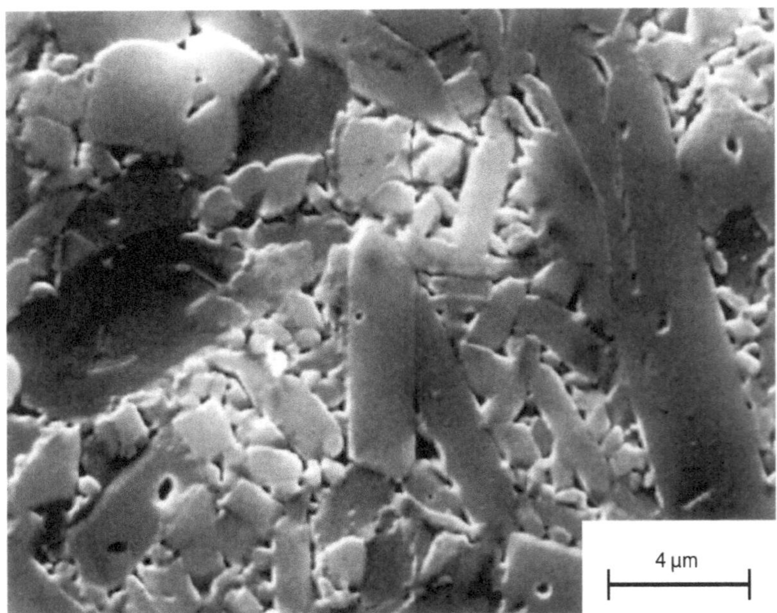

Abb. 4.9 Struktur einer Mullit-Keramik aus 72 % Al_2O_3 und 28 % SiO_2. Das Sprüh-granulat wurde bei 1700 °C vorgesintert, um die Mullit-Kristalle zu erzeugen, und dann heißisostatisch bei 1600 °C und 120 MPa gepresst (Abschn. 3.3.3) (Veröffentlichung mit freundlicher Genehmigung des Vulkan-Verlags, Essen [2, S. 257, Bild 84, unten])

wird. Ein zusätzlicher Vorteil von Mullit-Keramik besteht in der guten chemischen Korrosionsbeständigkeit bei einer Festigkeit, die mit der von Korund (Abschn. 5.2) vergleichbar ist.

Beispiel

Sein hoher spezifischer elektrischer Widerstand prädestiniert den feinkeramisch hergestellten Werkstoff als elektrisches Isoliermaterial für Hochtemperatursensoren. Eine wichtige Anwendung erfolgt als Mehrlochstäbe für die elektrisch isolierte Durchleitung der Metalldrähte von Thermoelementen und als einseitig geschlossene Tauchrohre für den Korrosionsschutz der Thermoelemente in Metall- und auch in Glasschmelzen (Abb. 4.10).

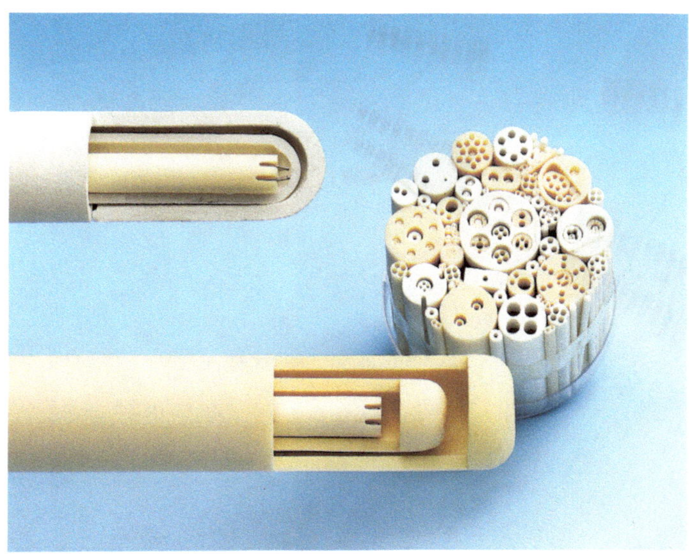

Abb. 4.10 Mehrlochstäbe und Tauchrohre für Thermoelemente aus Mullit-Keramik; *rechts* verschiedene Stabquerschnitte, *links* die Anordnung der Stäbe in (hier angeschnittenen) Tauchrohren (Veröffentlicht mit freundlicher Genehmigung von Morgan Advanced Materials: Technical Ceramic – Haldenwanger; Waldkraiburg)

Beispiel

Ein anderer Anwendungsfall sind meterlange Walzen aus Mullit-Keramik für den Transport von z. B. Fliesen während des Brennens in sogenannten kontinuierlich arbeitenden Durchlauf-Rollenöfen (Abb. 4.11) oder auch für Transportwalzen in Druckereien.

Zum Gesamtkomplex der Mullit-Keramiken kann man sich sehr genau in [2, 6, 8] informieren.

Abb. 4.11 Transportrollen aus Mullit-Keramik. *Oben* liegt die gebrannte Rolle; in der *Mitte* wurden die Enden der Rolle zum Fügen mit einem Metallteil vorbereitet; *unten* befindet sich eine Rolle mit gefügtem Lagerzapfen (Veröffentlicht mit freundlicher Genehmigung der Morgan Advanced Materials: Technical Ceramic – Haldenwanger, Waldkraiburg)

Literatur

1   RÖMPP: Online Chemie-Lexikon. Georg Thieme Verlag, Stuttgart (2013)

2   Kollenberg, W. (Hrsg.): Technische Keramik – Grundlagen, Werkstoffe, Verfahrenstechnik, 2. Aufl. Vulkan-Verlag, Essen (2009)

3   Kriegesmann, J. (Hrsg.): Technische Keramische Werkstoffe, Lose-Blatt-Sammlung mit Austausch- und Ergänzungslieferungen; HvB-Verlag: Ellerau (laufend)

4   Weitze, M.-D., Berger, C.: Werkstoffe – Unsichtbar, aber unverzichtbar. Reihe Technik im Fokus – Daten, Fakten, Hintergründe. Springer, Berlin, Heidelberg, New York (2013)

5   Hülsenberg, D., Krüger, H.-G., Steiner, W.: Keramikformgebung. Springer, Berlin, Heidelberg, New York (1989)

6   Salmang, H., Scholze, H.: Keramik. 7., vollständig neubearbeitete und erweiterte Auflage, hrsg. von Reiner Telle. Springer, Berlin, Heidelberg, New York (2007)

7   Fraunhofer Institut für Keramische Technologien und Systeme: Jahresbericht IKTS, Dresden (2010/2011)

8   Schulle, W.: Feuerfeste Werkstoffe – Eigenschaften, Prüftechnische Beurteilung, Werkstofftypen. Deutscher Verlag für Grundstoffindustrie, Leipzig (1990)

5.1 Gemeinsamkeiten

▶ **Definition** Oxidkeramiken bestehen aus elektrisch eindeutig geladenen Anionen (Elektronenüberschuss) und Kationen (Elektronenmangel), wobei sich die Ladungen in den Kristallgittern kompensieren. Bei den Anionen handelt es sich in jedem Fall um O^{2-}. Die Kationen sind meist zwei, drei, vier- oder fünffach positiv geladen. Nur die einwertig geladenen Alkalikationen sollten nach Möglichkeit nicht Bestandteil der Oxidkeramiken sein. Aber auch hier bestätigen Ausnahmen die Regel, z. B. in opto-elektronischen Oxidkeramiken. Viele Oxidkeramiken enthalten mehrere Oxide, z. B. auch die Oxide Seltener Erden. Im Unterschied zu Nichtoxid-Keramiken herrscht bei Oxid-Keramiken zwischen den Anionen und Kationen eine heteropolare bzw. Ionenbindung vor.

Die Ionenbindung ist die grundsätzliche Ursache für typische Eigenschaften, die Oxidkeramiken aus nur *einem* Oxid besitzen, wie

- Hoher spezifischer elektrischer Widerstand bei Raumtemperatur in der Größenordnung von $10^{14}\,\Omega \cdot cm$, der auch bei $1000\,°C$ durchaus noch $10^{8}\,\Omega \cdot cm$ betragen kann.
- Hohe Biegebruchfestigkeit von 200–400 MPa bei einer theoretischen Festigkeit von etwa 2000 MPa. Die Ursachen der großen Differenz zwischen theoretischer und praktischer Festigkeit sind in Abschn. 4.2.2 erläutert.
- Sehr hohe Schmelztemperaturen, meist deutlich über $2000\,°C$.

© Springer-Verlag Berlin Heidelberg 2014
D. Hülsenberg, *Keramik*, Technik im Fokus, DOI 10.1007/978-3-642-53883-4_5

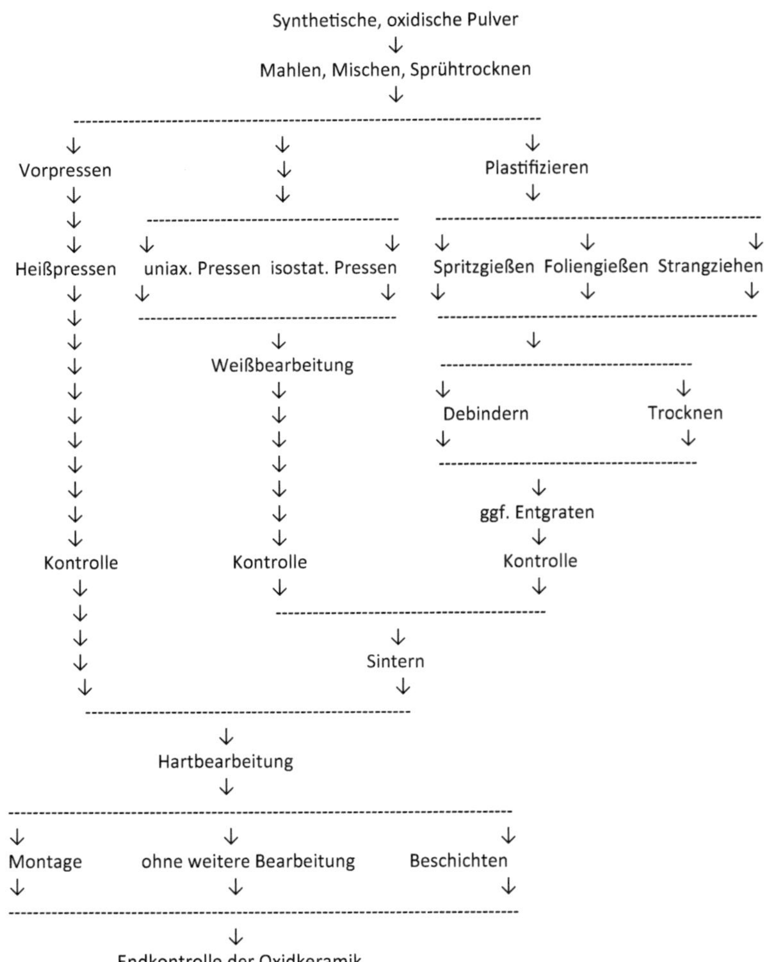

Abb. 5.1 Verfahrensstammbaum zur Herstellung von Oxid-Keramik

- Keine Empfindlichkeit gegenüber atmosphärischem Sauerstoff und Wasserdampf.
- Biotolerant bis bioinert.

Enthalten Oxidkeramiken *mehrere* Oxide, kann man besondere Eigenschaften erzielen, z. B.

- extrem hohe Dielektrizitätszahl bzw. Permittivität,
- Piezoelektrizität,
- gute magnetische Permeabilität bei sehr niedriger elektrischer Leitfähigkeit,
- Ionenleitung,
- Halbleitung,
- Supraleitung,
- opto-elektronische Wandlung,
- akusto-elektrische Wandlung,
- Bioaktivität.

Die Herstellung erfolgt entsprechend der Pulvertechnologie (Abb. 5.1). Die verschiedenen, im Schema genannten Prozessstufen sind in Kap. 3 beschrieben.

5.2 Korund-Keramik

5.2.1 Struktur und Eigenschaften

▶ **Definition** Korund-Keramik ist ein polykristalliner Werkstoff aus α-Tonerde- bzw. Korund-Kristallen. Sie besteht ausschließlich aus Al_2O_3 mit ggf. einigen Sinterhilfsmitteln, z. B. MgO, CaO und SiO_2 zur Absenkung der Sintertemperatur durch Schmelzphasenbildung und Beeinflussung des Kristallwachstums. Wird das Sinterhilfsmittel SiO_2 als Kaolin zugegeben, der neben dem SiO_2 auch das gewünschte Al_2O_3 enthält, verbessert sich gleichzeitig die Formbarkeit.

Korund-Keramik für den Hochtemperatur-Ofenbau wird häufig durch Kristallisation aus der Schmelze hergestellt, entspricht also vom Herstellungsverfahren her nicht einer Keramik.

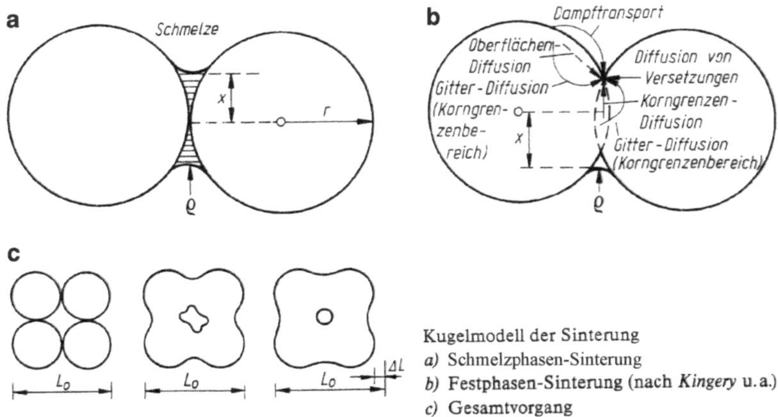

Kugelmodell der Sinterung
a) Schmelzphasen-Sinterung
b) Festphasen-Sinterung (nach *Kingery* u. a.)
c) Gesamtvorgang

Abb. 5.2 Skizze, wie man sich die Verdichtung einer Packung aus Rohstoffkörnern durch Diffusionsvorgänge vorstellen kann

Korund-Keramik ist die am längsten, seit Beginn des vorigen Jahrhunderts, produzierte Oxidkeramik. Sie besitzt noch heute die größte Bedeutung.

Die erreichbare Dichte hängt u. a. von der Feinheit der Rohstoffe, der Sintertemperatur und Haltezeit sowie nicht zuletzt auch davon ab, ob man den in den Zwickeln zwischen den Rohstoffkörnern befindlichen Gasen durch langsames Erhitzen die Zeit lässt, den sinternden Werkstoff zu verlassen. Abbildung 5.2 zeigt schematisch, wie sich bei Festphasensinterung zunächst zwischen den Rohstoffkörnern Poren bilden, die sich dann durch weiteren Stofftransport (Diffusion) schließen. Das ist aber nur möglich, wenn der Gasdruck in den Poren dies zulässt.

Neben der auf Abb. 3.15 gezeigten, sehr homogenen, feinkristallinen Struktur von Korund-Keramik sind aber auch andere Varianten herstellbar, z. B. wird eine relativ grobe Körnung von etwa 100 μm Korngröße durch feine Körnung gebunden. Dadurch lässt sich die Sintertemperatur absenken.

Man kann feststellen, dass sich alle mechanischen Eigenschaften mit steigendem Al_2O_3-Anteil verbessern, d. h. wenn die Festphasensinterung zunehmend dominiert. Die Bruchzähigkeit von Korund-Keramik steigt durch Einbettung dispergierter ZrO_2-Partikeln an (Abschn. 5.3). Man kann weiterhin, wie schon in Abschn. 4.2.2. gesagt, sehr gut beobachten, dass die Druckfestigkeit deutlich über der Biege- und der Zugfestigkeit liegt.

Kompakte Korund-Keramikerzeugnisse, aber auch Korund-Körnung, weisen eine hervorragende Widerstandsfähigkeit gegen Abrasion auf.

Korund-Keramik gehört zu den bioinerten Werkstoffen. Es findet auch nach langer Einwirkungszeit keine Reaktion mit Körperflüssigkeiten, z. B. Blut, statt. Da sich durch Schleifen und Polieren außerdem Oberflächen mit Rauigkeiten im nm-Bereich erzeugen lassen, wird Korund-Keramik auch für Hüftgelenksprothesen, siehe Abb. 1.5, eingesetzt, wo eine sehr geringe Gleitreibung gefordert ist. Der Erfolg der Oberflächenbearbeitung hängt stark mit der Kristallgröße des Werkstoffs zusammen. Sehr feinkristallinen Korund bei gleichzeitig enger Korngrößenverteilung erhält man durch Zugabe von etwa 0,5–0,7 % MgO.

5.2.2 Anwendung

Beispiel

Die Halbzeuge für Hüftgelenksimplantate werden durchweg isostatisch gepresst. Das hat seine Ursache in der Kugelform des Gelenkkopfes, die sich durch uniaxiales Pressen nicht gleichmäßig verdichten lässt. Abbildung 5.3 zeigt die Gestaltung des Pressvorgangs und der Pressform. Die Öffnung der elastischen Matrize muss so groß sein, dass der während des Pressens verdichtete und damit verkleinert Rohling aus der gekippten Form herausfällt. Das Pressen ähnelt dem isostatischen Pressen mit der Trockenmatrize (Abb. 3.14).

Eine Gegenüberstellung von traditionellen Hüftgelenksimplantaten und solchen mit extrem feiner Körnung zeigt Abb. 5.4.

Gleichzeitig ist es aber auch möglich, gezielt poröse Korund-Keramik herzustellen. Das wird dann genutzt, wenn man die äußere Oberfläche der Hüftgelenkspfanne für das Hineinwachsen des umgebenden Gewebes in die Poren vorbereiten will. Hier handelt es sich um einen Formschluss. Will man erreichen, dass sich die bioinerte Korund-Keramik direkt mit dem Hüftknochen verbindet, ist das nur

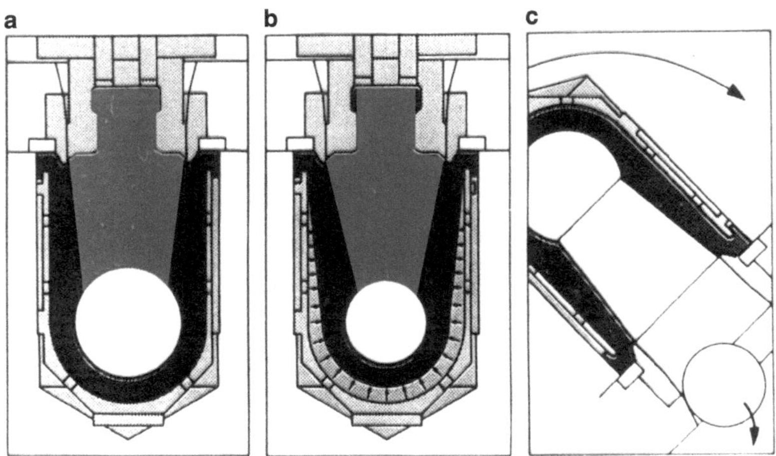

Abb. 5.3 Isostatisches Pressen von Korundkugeln, **a** mit Pulver gefüllte elastische Matrize mit eingesetztem Verschlussstempel, **b** Druckbeaufschlagung über die Formenwände und den Stempel, **c** Form im Entleerungszustand

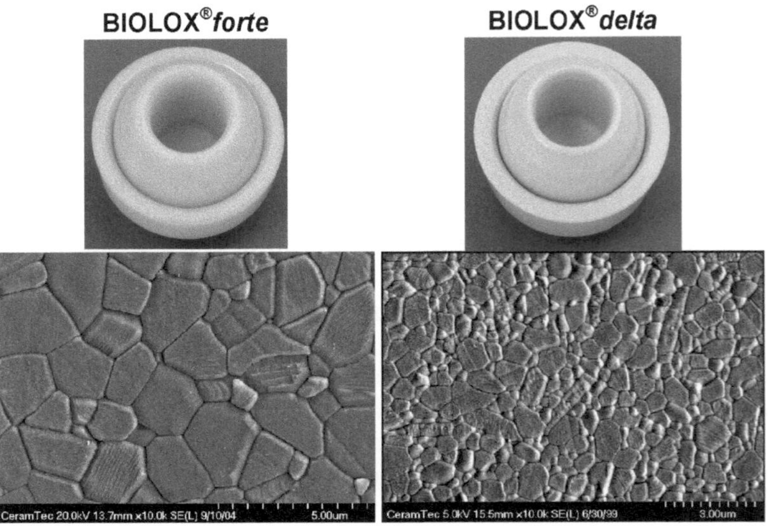

Abb. 5.4 Hüftgelenksimplantat aus Biolox®-Keramik, **a** mit groberer, **b** mit deutlich feinerer Körnung (Veröffentlichung mit freundlicher Genehmigung des HvB-Verlags, Ellerau [1, 128. Erg.-Lfg., Kapitel 8.7.1.2, Bild 2])

durch Beschichtung mit bioaktivem Apatit, einem Kalziumhydrophosphat, möglich. Für eine gute Haftung dieser Schicht muss die Rauigkeit der Korund-Unterlage genau eingestellt werden. Die Verbindung der Apatitschicht mit dem Knochen erfolgt stoffschlüssig.

Beispiel

Aus Korund-Keramik produziert man beispielsweise Schutzrohre für Sensoren (z. B. für Thermoelemente und Gassensoren), elektrische Durchführungen, Schmelztiegel für den Laborgebrauch, aber auch Wandsteine, die in Hochtemperaturreaktoren, Sinter- und Schmelzanlagen Anwendung finden. Hier ist eine Kombination von Hochtemperaturbeständigkeit, chemischer Korrosionsfestigkeit, mechanischer Abriebfestigkeit, elektrischer Isolationsfähigkeit und ausreichendem Bruchwiderstand erforderlich ist.

Beispiel

Aber auch Substrate für gedruckte Schaltungen, Verkappungen leistungselektronischer Schaltkreise, von EPROMs und Feuchtesensoren sowie – ganz andere Anwendungen – Mahlkugeln und Abdichtungsscheiben für Mischbatterien bestehen aus Korund-Keramik. Beispiele dafür zeigt Abb. 5.5.

Beispiel

Die hohe Härte und Abriebfestigkeit prädestinieren Korund zum Einsatz als Werkzeug für die abtragende Oberflächenbearbeitung anderer Werkstoffe. Das können sowohl Metalle als auch andere, „schleiffreundlichere" Keramiken sein. Die Anwendung erfolgt als loses und als gebundenes Korn. Während es sich bei der losen Körnung direkt um zerkleinerten Korund aus der Elektroschmelze von Bauxit handelt, wird dieses Korn in sogenannten Schneidwerkzeugen in eine Matrix eingebunden. Das kann Kunststoff, Metall oder eine kristallisierte Schmelze sein, die in erster Linie durch Feldspat erzeugt wird. In letzterem Fall spricht man – nicht ganz exakt – von einer keramischen Bindung. Aktuell wird nicht mehr reiner Korund, sondern ein hoch Al_2O_3-haltiges Material mit Zumischungen von ZrO_2, MgO, Y_2O_3 oder auch SiO_2 eingesetzt. Genauer kann man sich zu Schneidkeramik in [1, Abschn. 8.3.6.1] informieren.

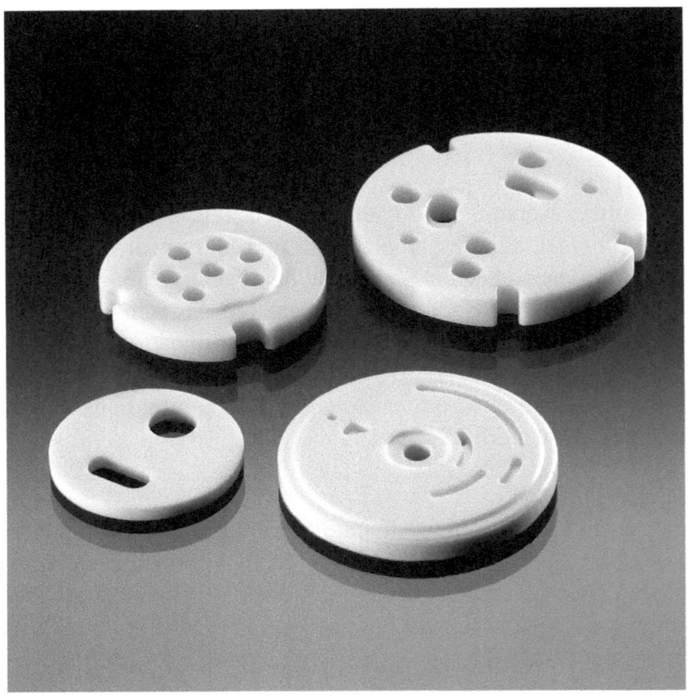

Abb. 5.5 Verschiedene Abdichtscheiben, z. B. für Mischbatterien (Veröffentlicht mit freundlicher Genehmigung der Paul Rauschert Steinbach GmbH)

Beispiel

Die hohe Abriebfestigkeit von Korund-Keramik wird auch für die Herstellung von Fadenführern für die Textilindustrie genutzt.

Beispiel

Ein anderer Anwendungsfall sind verschiedenste Bauteile für die Isolierung gegen Hochspannung (Abb. 5.6).

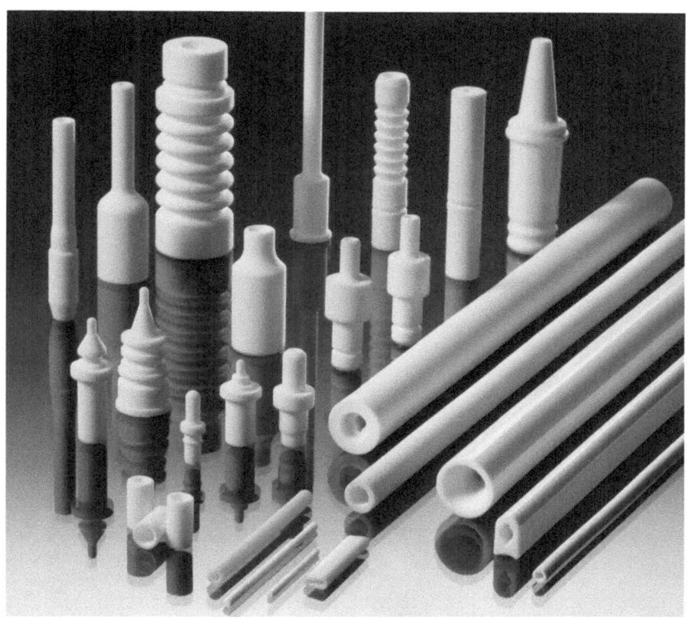

Abb. 5.6 Hochspannungsisolierteile aus Korund-Keramik (Veröffentlichung mit freundlicher Genehmigung der Paul Rauschert Steinbach GmbH)

5.3 Zirkoniumdioxid-Keramiken

▶ **Definition** Zirkoniumdioxid-Keramik gehört zu den feinkeramischen Werkstoffen. Sie lässt sich allein, nur aus dem reinen Zirkoniumdioxid ZrO_2 nicht herstellen, sondern benötigt immer Dotierungen oder Partikeleinlagerungen. Ihre hervorragenden Eigenschaften sind hohe Festigkeit, vor allem eine für einen Keramikwerkstoff hohe Bruchzähigkeit, bioinertes Verhalten und die Möglichkeit, sie als anionenleitenden Werkstoff herzustellen. Weiterhin besitzt sie eine hohe Feuerfestigkeit bei gleichzeitig exzellenter Korrosionsbeständigkeit.

Zirkoniumdioxid als Kristallphase Baddeleyit trifft man auch in Wandbaumaterial für die Auskleidung des Bassins in Glasschmelzöfen an. Das aus der Schmelzphase kristallisierende Material gehört streng genommen nicht zur Keramik, wird aber häufig dazu gezählt.

Die Herstellungsprobleme für Zirkoniumdioxid-Keramik ergeben sich dadurch, dass ZrO_2 in Abhängigkeit von der Temperatur unterschiedliche Kristallphasen mit unterschiedlicher Dichte bildet. Daraus resultieren an den Umwandlungspunkten Sprünge im Volumen. Sie müssen im Keramikwerkstoff auf jeden Fall vermieden werden. Andernfalls zerrieselt das Material bei den Modifikationswechseln. Für die Phasenumwandlungen gilt:

$$\text{monoklin} \leftarrow 1175\,°C \rightarrow \text{tetragonal} \leftarrow 2300\,°C \rightarrow \text{kubisch}$$

Die Phasenumwandlung monoklin/tetragonal mit einem Volumensprung von 4 % besitzt die Hauptbedeutung. Wenn sich beim Abkühlen aus dem tetragonalen ZrO_2 das monokline bildet, dehnen sich die Kristalle um 4 Volumen-% aus, was die Zerstörung eines kompakten Erzeugnisses bewirkt. Diese Phasenumwandlung muss also verhindert werden.

Andererseits kann man, wie im Quarzporzellan (Abschn. 4.2), bei genügend kleinen Kristallen die Phasenumwandlung nutzen, um gezielte Mikro-Druckverspannungen im Erzeugnis aufzubauen, die sowohl die Festigkeit als auch die Bruchzähigkeit erhöhen. Das wird bei Implantaten ausgenutzt. Sind in einer Zirkoniumdioxid-Keramik tetragonale Bezirke stabilisiert oder war es sogar möglich, das gesamte Erzeugnis im tetragonalen Zustand zu erhalten, wird die Phasenumwandlung bei Raumtemperatur z. B. durch einen unachtsamen Sprung (Druck oder Biegung) ausgelöst. An der überbeanspruchten Stelle entsteht dann die gewünschte Mikro-Druckverspannung (Abb. 5.7). Das Implantat bricht nicht. Leider ist der Vorgang bei Raumtemperatur nicht reversibel, d. h. ein in die monokline Phase umgewandelter Bezirk des Implantats wandelt bei Raumtemperatur nicht mehr zurück in die tetragonale um.

ZrO_2-Kristalle sind in der Lage, Mischkristalle zu bilden. Beispielsweise wird ein Zr^{4+}-Kation durch ein anderes zwei-, drei- oder vierwertiges ersetzt. Außer bei der Dotierung mit Ce^{4+} verbleibt eine Restladung, die durch einen Mangel an Sauerstoffanionen O^{2-} kompensiert wird. Durch diese Mischkristallbildung, die von der Zusammensetzung und der Temperatur abhängig ist, kann man die Phasenumwandlung unterdrücken.

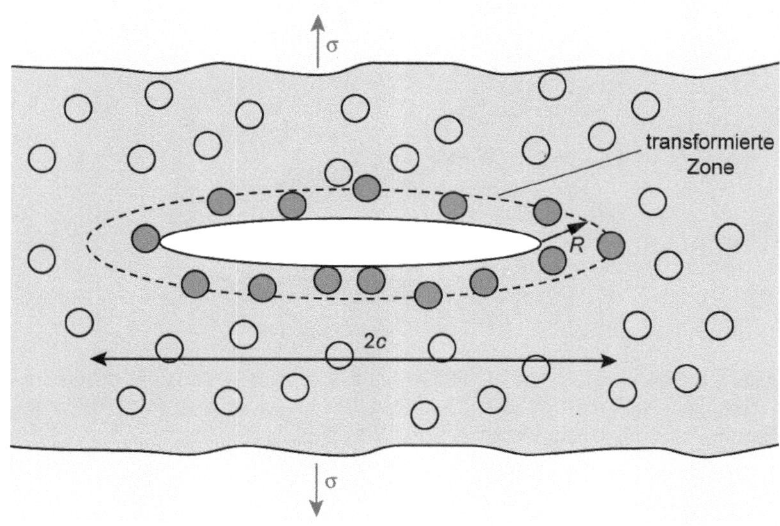

Abb. 5.7 Modell einer mikro-druckverspannten Zone nach der Belastung der Risswände in einem ZrO_2-Implantat; die Risswände weichen dem Druck aus und schließen sich (Veröffentlichung mit freundlicher Genehmigung des Thieme-Verlags, Stuttgart [2, Stichwort Zirkoniumdioxid-Keramik, Bild 1])

Sehr ausführlich wurde die Dotierung mit MgO untersucht. Die Zugabe bewirkt, dass sich alle Umwandlungen im ZrO_2-Gitter bei tieferen Temperaturen abspielen. Eine Zugabe von 9 mol-% hat sich als günstig erwiesen. Es wird bei relativ hohen Temperaturen oberhalb 1700 °C gesintert, so dass zunächst kubische Mischkristalle entstehen. In ihnen scheiden sich bei der Abkühlung kleine tetragonale, elliptische Linsen aus. Abbildung 5.8 zeigt die Mikrostruktur. Die umgebende Kristallmatrix verbleibt kubisch und schließt Poren ein. Die Kristallgröße beträgt etwa 60 µm; die der Ausscheidungen, die auf Abb. 5.8 nicht sichtbar sind, etwa 200 nm.

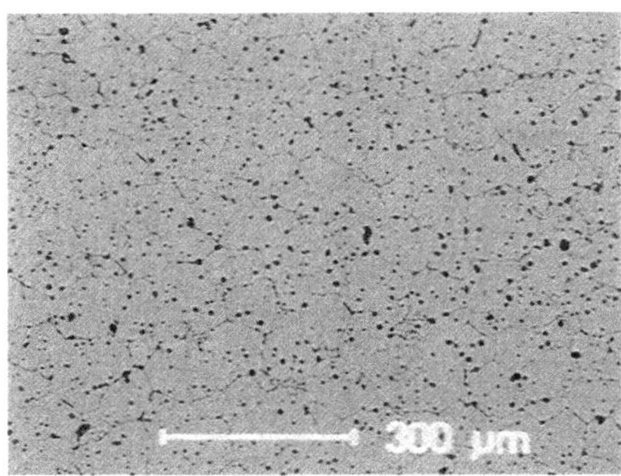

Abb. 5.8 Mikrostruktur von Mg-PSZ, d. h. durch *MgO* teil- (*p*artially) *s*tabilisiertes Zirkoniumdioxid (Veröffentlichung mit freundlicher Genehmigung des HvB-Verlags, Ellerau [1, 32. Erg.-Lfg., Abschn. 8.7.2.0, Bild 7])

Die sogenannten Mg-PSZ-Keramiken können bei Raumtemperatur Biegebruchfestigkeiten bis 600 MPa und eine Bruchzähigkeit bis 25 MPa $\cdot$ m$^{1/2}$ erreichen. Für Silikat-Keramiken und andere Oxid-Keramiken liegen zum Vergleich die Werte um 1 MPa $\cdot$ m$^{1/2}$.

Technisch durchgesetzt hat sich auch die Dotierung von ZrO_2 mit Y_2O_3. In dieser Keramik besteht das Ziel, dass der gesamte Werkstoff durch die Mischkristallbildung in der tetragonalen Modifikation vorliegt. In Katalogen wird er mit der Bezeichnung Y-TZP angeboten, was für *Y_2O_3*-stabilisierte, *t*etragonale Zirkoniumdioxid-*P*hase steht. Die Herstellung gelingt nur, wenn die Kristallgröße extrem klein ist; etwa 200 nm. Das erfordert noch feinere Ausgangspulver. Sie werden in der dotierten Form häufig durch Mischfällung als Hydrate aus einer Lösung ausgeschieden. Man kann sie dadurch sehr rein herstellen. Die Hydrate werden kalziniert. Eine andere Möglichkeit besteht in der Beschichtung der Pulverteilchen mit Y_2O_3. Die zugemischte Menge beträgt etwa 5 Masse-% Y_2O_3.

Die Biegebruchfestigkeit dieser Keramik liegt mit 800–1000 MPa noch höher als für Mg-PSZ, die Bruchzähigkeit mit 8–10 MPa $\cdot$ m$^{1/2}$ etwas niedriger, jedoch noch deutlich über der anderer Keramikwerkstoffe.

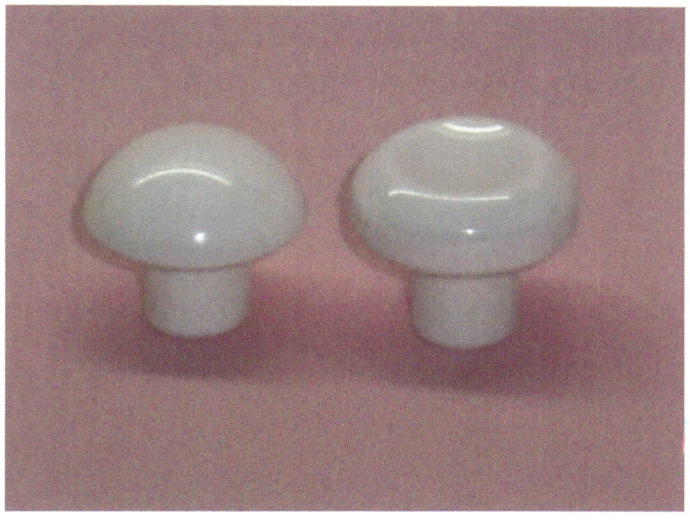

Abb. 5.9 ZrO$_2$-Implantat für das Hauptgelenk des großen Zehs

Beispiel

Da sich Zirkoniumdioxid-Keramiken trotz der Dotanden bioinert verhalten, bieten sie sich für die Anwendung als Implantate an. Besonders die sogenannten „kleinen" Gelenke profitieren aktuell von den Werkstoffeigenschaften. Ein Implantat für das Gelenk des großen Zehs zeigt Abb. 5.9.

Zirkoniumdioxid-Keramik kann außerdem durch Dotierung zu einem Sauerstoffionen leitenden Werkstoff werden. Darauf wird in Abschn. 5.6.1 ausführlicher eingegangen.

5.4 Keramiken auf der Basis von Titandioxid

5.4.1 Abhängigkeit der Permittivität vom Kristallgitter

Keramiken auf der Basis von Titandioxid werden vor allen Dingen wegen ihrer besonderen elektrischen Eigenschaften hergestellt. Sie beruhen auf Ladungsverschiebungen in den Elementarzellen der die Keramik bildenden Kristalle. In Abhängigkeit von der konkreten Zusammensetzung und dem Kristallgitter können sich die Werkstoffe auf der Basis von TiO_2 dielektrisch oder ferroelektrisch verhalten, wobei man bei der Ferroelektrizität zusätzlich die Untergruppen der Piezoelektrizität und der Pyroelektrizität unterscheidet. Letzteres hängt davon ab, ob die Ladungsverschiebung in den Elementarzellen der die Keramik bildenden Kristalle durch elektrische Felder, mechanische Beanspruchung oder Temperaturen hervorgerufen wird.

▶ **Definition** Bei *dielektrischen* Keramiken ist der Zusammenhang zwischen der Ladung und der Spannung linear. Wie stark sie ansteigt, hängt mit dem Wert von ε_r zusammen. Unter ε_r versteht man die relative Permittivitätszahl (früher Dielektrizitätszahl genannt).

Die Ursache für die Kapazitätserhöhung gegenüber dem Dielektrikum Luft besteht in der Möglichkeit der Verschiebung von Ladungen in den Elementarzellen der Kristalle, aus denen die Keramik besteht, durch Anlegen eines äußeren elektrischen Feldes. Ein wichtiges Beispiel sind die Kristallmodifikationen des TiO_2: Rutil, Anatas und Brookit. Als Werkstoff mit einer besonders hohen Permittivität eignet sich die Kristallphase Rutil, siehe Abb. 5.10.

Durch Anlegen eines elektrischen Feldes verschieben sich die Titankationen ein wenig in Richtung der Kristallachse, die sich parallel zur Feldrichtung befindet. Der Oktaeder wird tetragonal verzerrt, was die Polarisation bewirkt.

Etwa ab 1950 stellte man erste Kondensatoren auf der Basis des Rutil-Keramikdielektrikums durch Trockenpressen kleiner Plättchen her. Um eine bessere Homogenität der Erzeugnisse zu erzielen, wurde sehr bald das Foliengießen (Abschn. 3.3.1) entwickelt. Um die Bauelemente deutlich verkleinern zu können, kam man auf die Idee, mit metallischen Elek-

Abb. 5.10 Kristallstruktur von Rutil, **a** atomare Darstellung, **b** Darstellung in Form der Koordinationsoktaeder. Die schwarzen Punkte sind die Ti^{4+}-Kationen, die größeren Kreise die O^{2-}-Anionen [3, Bild 10.22]

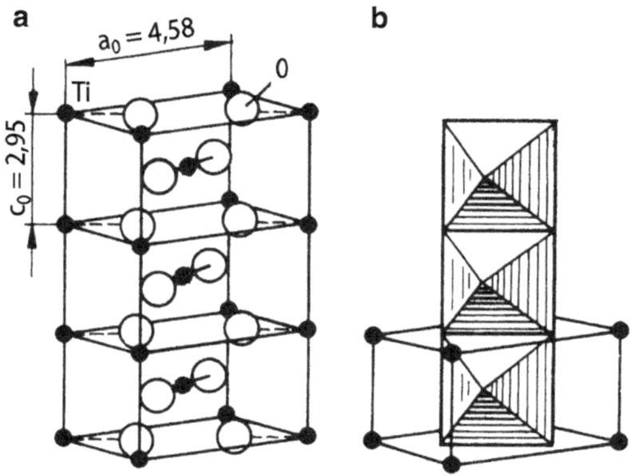

troden versehene, kleine Kondensatorplättchen zu stapeln, elektrisch zu kontaktieren und gemeinsam noch einmal einer Temperaturbehandlung zu unterziehen. Der Mehrschichten (multi layer)-Kondensator war entstanden. Der technologische Ablauf bildete später die Basis für die Herstellung der sogenannten LTCC (low temperature cofired ceramics)-Bauelemente (Abschn. 5.9).

▶ **Definition** Bei *ferroelektrischen* Werkstoffen besteht kein linearer Zusammenhang zwischen elektrischer Ladung und angelegter Spannung bzw. zwischen Polarisation P und elektrischem Feld E. Die Permittivität ε_r ändert sich in Abhängigkeit von E. Auf- und Abkurve schließen eine Hysteresefläche ein, die ein Maß für die Arbeit ist, die bei der Umpolarisierung anfällt.

Die Elementarzelle für alle ferroelektrischen Keramiken entspricht dem Typ des in der Natur vorkommenden kubischen Minerals Perowskit mit der Zusammensetzung $CaO \cdot TiO_2$ bzw. ABO_3 mit A für zweiwertige Kationen, B für vierwertige Kationen und O für Sauerstoffanionen. Die Elementarzelle zeigt Abb. 5.11.

Die Größenverhältnisse von Ca^{2+} und Ti^{4+} erlauben bei Raumtemperatur eine spannungsfreie Platzierung aller Ionen in der kubischen Elementarzelle. In der Natur vorkommender Perowskit ist dielektrisch. Er wird erst bei Temperaturen deutlich unter 0 °C ferroelektrisch.

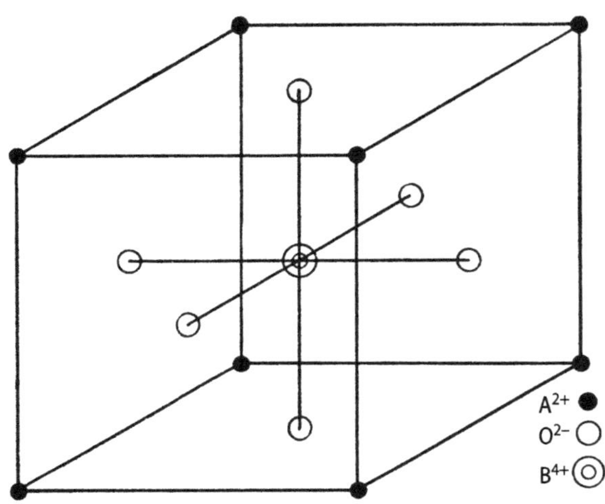

Abb. 5.11 Elementarzelle des Perowskit-Typs [4, Bild 207]

Anders verhält es sich, wenn statt des Ca^{2+} das deutlich größere Ba^{2+} (zweiwertiges Kation des Bariums) in den Würfel eingebaut wird. Der Platz reicht nicht aus. Der Einbau erfordert eine Verzerrung des Gitters. Man spricht von einer tetragonalen Verzerrung des kubischen Gitters. Das ist mit einer erheblichen Polarisation verbunden. Sie bleibt als Remanenzpolarisation bestehen, auch wenn das elektrische Feld längst nicht mehr wirkt.

Dieser Effekt ist stark von der Temperatur abhängig. Da es sich um einen in erster Linie durch geometrische Platzverhältnisse hervorgerufenen Effekt handelt, verschwindet er dann, wenn sich bei höherer Temperatur die Elementarzelle so ausdehnt, dass das Ba^{2+}-Kation darin Platz findet. Dafür existiert eine charakteristische Temperatur, die Curie-Temperatur. Sie liegt für $BaO \cdot TiO_2$ bei 120 °C. Oberhalb der Curie-Temperatur ist der Werkstoff dielektrisch.

Die Permittivität ferroelektrischer Werkstoffe übersteigt deutlich die von dielektrischen. Die starke Gitterverspannung kann zu ε_r-Werten bis etwa 10.000 bei der Curie-Temperatur führen. Die starke Abhängigkeit der sich bildenden Kristallmodifikationen und damit der Permittivität

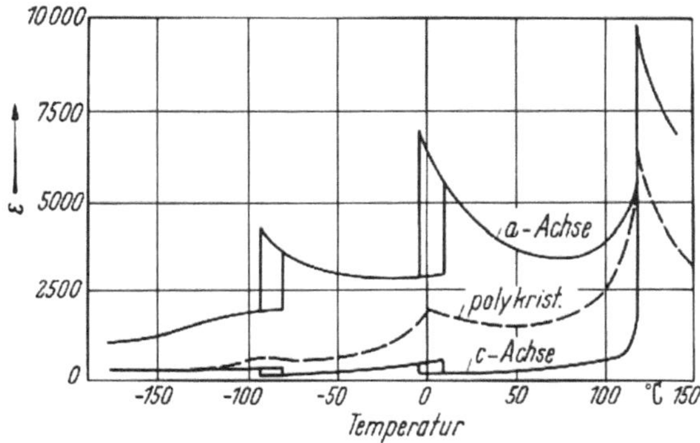

Abb. 5.12 Temperaturabhängigkeit der Permittivitätszahl ε_r von BaTiO$_3$. Es sind die Verläufe für die a- und die c-Achse des Einkristalls – und der polykristallinen Keramik – gezeigt. Bei Temperaturen unter −80 °C ist die monokline Kristallmodifikation beständig, zwischen −80 bis 0 °C die orthorhombische, zwischen 0 bis 120 °C die tetragonale und über 120 °C die kubische [5, Bild 274]

von $BaO \cdot TiO_2$-Einkristallen sowie der entsprechenden Keramikwerkstoffe von der Temperatur zeigt Abb. 5.12.

Die Werkstoffe werden hauptsächlich als Kondensatorkeramiken eingesetzt. Wie man aus Abb. 5.12 entnehmen kann, besteht ein Problem in der Konstanz der Permittivität bei geringen Temperaturänderungen, wie sie in der Praxis meist auftreten. Analoges gilt für Frequenzänderungen. Um eine möglichst hohe Permittivität bei geringer Temperatur- und Frequenzabhängigkeit sowie hoher Curie-Temperatur zu erreichen, werden Mischtitanate erzeugt. Statt der Bariumkationen werden solche des Strontiums oder des Bleis eingesetzt. Anstelle des Titankations wird beispielsweise partiell das ebenfalls vierwertige Zirkoniumkation in die Elementarzellen eingebaut. Befindet sich Zr^{4+} auf den Gitterplätzen des Ti^{4+}, entsteht bei einem Ersatz von ≈ 50 mol-% parallel zur tetragonalen eine rhomboedrische Kristallphase. Das führt zu einer weiteren Polarisation des Gitters. Man spricht von einer monotropen Phasengrenze. Es entstehen piezoelektrische Keramiken, beispielsweise das Bleizirkonattitanat, sogenannten PZT-Keramiken. Sie weisen die chemische Zusammensetzung $PbO \cdot (0,5\, Zr;\, 0,5\, Ti)\, O_2$ auf.

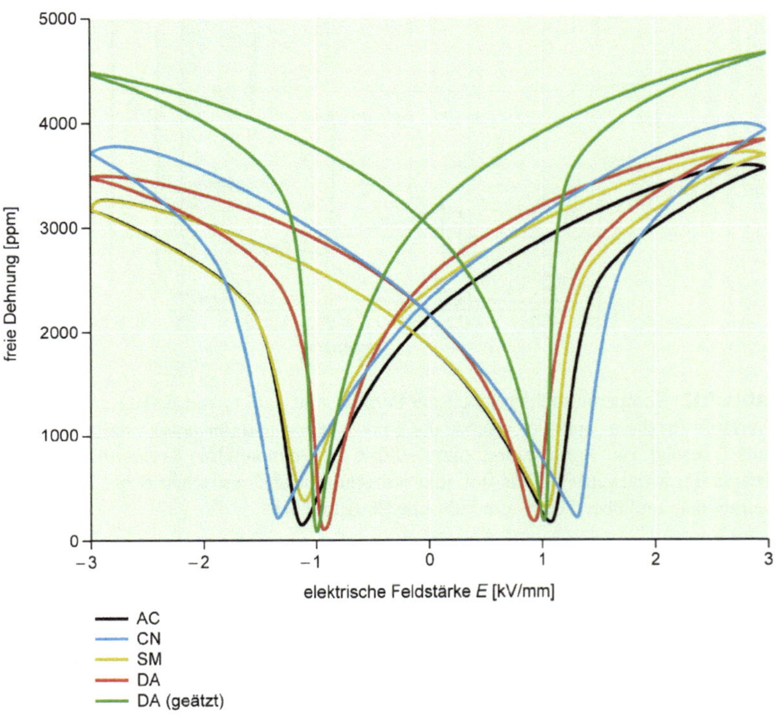

Abb. 5.13 Schmetterlingskurven für unterschiedliche PZT-Keramikfasern (Veröffentlicht mit freundlicher Genehmigung des Thieme Verlags, Stuttgart [2, Stichwort PZT-Keramik, Abbildung 3])

▶ **Definition** *Piezoelektrische* Kristalle weisen im Zusammenhang mit der erheblichen Polarisation der Elementarzellen auch eine deutlich messbare Änderung der Achslängen in c- und in a- = b-Richtung auf. Die elektrische Umpolung bewirkt gleichzeitig eine geometrische Dilatation oder Kontraktion.

Zeichnet man die Abhängigkeit der freien Dehnung s vom angelegten äußeren elektrischen Feld E auf, entsteht die sogenannte Schmetterlingskurve, siehe Abb. 5.13.

Tab. 5.1 Mögliche Substitutionspaarungen bei PZT-Keramiken, veröffentlicht mit freundlicher Genehmigung des HvB-Verlags, Ellerau [1, 10. Erg.-Lfg., Abschn. 5.5.0.0, Tabelle 2]

Gitterplatz	Kationen
A	La^{3+}, Bi^{3+}, Nd^{3+}
A	K^+, Rb^+
B	Nb^{5+}, Ta^{5+}, Sb^{5+}
B	Co^{3+}, Fe^{3+}, Sc^{3+}, Ga^{3+}, Cr^{3+}, Mn^{3+}

Legt man an eine solche Keramik ein elektrisches Feld an, kann man eine Bewegung erzeugen. Das wird in piezoelektrischen Schrittmotoren genutzt. Wird eine solche Keramik mechanisch deformiert, resultiert eine elektrische Spannung, die man z. B. für Messzwecke nutzen kann.

Die Eigenschaften lassen sich weiterhin dadurch beeinflussen, dass man im Gitter auf den zweiwertigen A-Positionen jeweils 2 zweiwertige Kationen durch 1 einwertiges und 1 dreiwertiges sowie auf den vierwertigen B-Positionen jeweils 2 vierwertige Kationen durch 1 dreiwertiges und 1 fünfwertiges ersetzt. In der Praxis übliche Substitutionen zeigt Tab. 5.1.

Man erkennt, dass auch die großen Kationen des Kaliums und Rubidiums sowie Kationen der Seltenen Erden in Keramiken zur Anwendung kommen.

▶ **Definition** Bei *pyroelektrischen* Keramiken wird die elektrische Polarisation durch die Einstellung spezieller Temperaturen erzeugt. Sie entsteht dadurch, dass eigentlich im Zentrum der Koordinationspolyeder angeordnete Kationen durch die Zuführung thermischer Energie bevorzugt in eine Achsrichtung auswandern.

Diese Keramiken enthalten meist Strontiumoxid SrO. Sie eignen sich beispielsweise als Infrarotdetektoren.

Alle genannten Keramiken auf TiO_2-Basis weisen einen so hohen spezifischen elektrischen Widerstand auf, dass sie – trotz der exponierten anderen elektrischen Eigenschaften – zu den elektrischen Isolatoren gehören. Erst dann, wenn durch reduzierende Brennatmosphäre unerwünscht neben dem Ti^{4+} auch Ti^{3+} auftritt, kommt es zu Elektronenleitfähigkeit.

5.4.2 Herstellung und Anwendungen von PZT-Keramik

Es handelt sich um klassische pulverkeramische Prozesse. Zunächst werden auf chemischem Weg Pulver hergestellt, die neben der gewünschten Grundzusammensetzung bereits die Dotanden enthalten. Um eine gleichmäßige Verteilung der Dotanden zu erreichen, bietet sich als chemischer Prozess die Mischfällung an. Man erzeugt aus dem Pulver ein Granulat, das sich insbesondere positiv auf die Verdichtung durch Pressen auswirkt. Das gilt sowohl für das uniaxiale als auch das isostatische Pressen (Abschn. 3.3.3). Die Formgebung wird durch organische Presshilfsmittel unterstützt, wobei es sich z. B. um Plastifikatoren und Bindemittel handelt. Die Bindemittel verleihen dem Rohling die für die weiteren Bearbeitungs- und Transportprozesse notwendige Rohbruchfestigkeit. Die Formgebung kann auch durch Strangziehen von Fasern erfolgen (Abschn. 3.3.2) oder durch Foliengießen (Abschn. 3.3.1. und auch 5.9). In den beiden letzteren Fällen müssen andere Additive genutzt werden, da sich die Eigenschaften der zu formenden Masse je nach Formgebungsverfahren unterscheiden. Vor dem Sintern erfolgt die Entfernung der Additive durch Debindern.

Die für das Sintern erforderlichen Temperaturen hängen stark von der konkreten chemischen Zusammensetzung ab. Als Orientierung kann man 1200–1250 °C angeben. Da das Bleioxid aus der Bleizirkonattitanat-Keramik wegen seines hohen Dampfdrucks entweicht, muss in einer bleioxidhaltigen Atmosphäre gesintert werden. Das erreicht man durch besondere Kapselung in Korund-Keramikschalen, wodurch das PbO nicht in die Atmosphäre gelangt. Trotzdem macht sich eine spezielle Abgasreinigung erforderlich. Da der Einsatz von Bleioxid heute generell vermieden werden soll, wird an Piezokeramiken gearbeitet, die völlig bleifrei sind. Von den Sinterbedingungen hängt es ab, wie dicht die PZT-Werkstoffe werden.

Mittlerweile konzentriert sich die Hauptanwendung von PZT-Keramiken auf den Fahrzeugbereich. Dort sind an verschiedensten Stellen Schrittantriebe mit kleinen Weglängen bei gleichzeitig schneller Schaltung erforderlich, z. B. bei Einspritzdüsen für kleine Verbrennungsmotoren. Sie erlauben eine wesentlich feinere Dosierung des flüssigen Brennstoffs als in der Vergangenheit üblich. Dadurch wird einerseits die Motorleistung verbessert und andererseits der Verbrauch an Kraftstoff verrin-

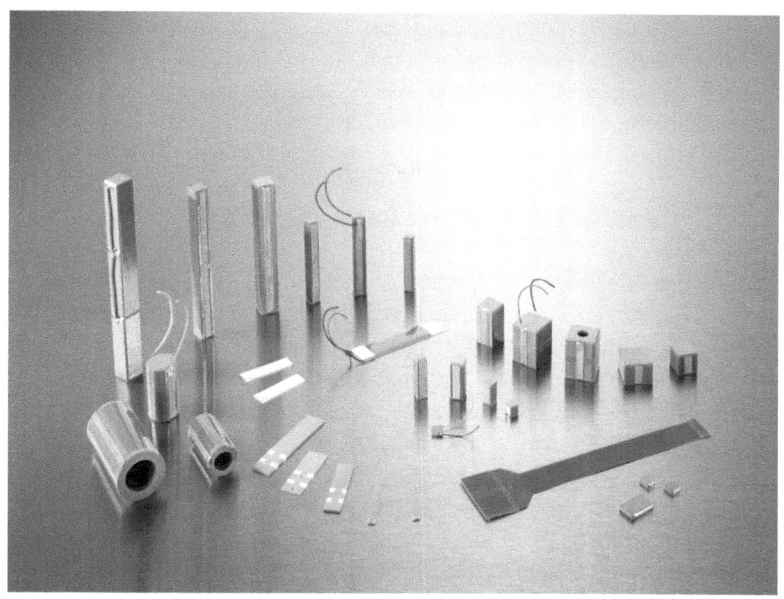

Abb. 5.14 Ein- und mehrlagige Piezo-Aktuatoren (Veröffentlichung mit freundlicher Genehmigung der CeramTec GmbH, Plochingen)

gert. Da die einer Spannungsänderung folgende Ausdehnungsänderung im μm-Bereich liegt, schaltet man, um etwas größere Verfahrwege zu erreichen, einzelne Bauelemente in Reihe. Es entstehen Stäbe mit quadratischer oder runder Grundfläche (Abb. 5.14).

Ein Piezo-Injektor für Dieseleinspritzsysteme wurde bereits in Abb. 2.5 gezeigt. Aus historischer Sicht bestand die erste Anwendung als Elektrozünder in Feuerzeugen. Aktuell befinden sich piezoelektrische Bauelemente in nahezu allen elektronischen Anwendungen, z. B. in Uhren, Telefonen, Fernsehern, Digitalkameras, USB-Schnittstellen, Mikroprozessoren und FRAMs (Abkürzung aus ferroelectric random access memory). Überall werden Materialien mit hoher Permittivität verlangt. Ohne Keramikbauteile wären die genannten Erzeugnisse nicht existent. Aber die Anwendung erfolgt auch als Sensoren, z. B. an Stelle von Schwingquarzen oder für die hochauflösende Messung von Drücken.

Außerdem kann man auf der Basis von TiO_2 auch Nanoröhren, sogenannte PONTs (perovskite oxid nano tubes) herstellen. Sie finden einerseits in Tintenstrahldruckern Einsatz. Andererseits kann man sie elektrisch halbleitend herstellen (Abschn. 5.6).

5.4.3 Katalysatoren auf der Basis von TiO_2

Während bei den bisher genannten Anwendungen TiO_2 in der Modifikation Rutil oder gemeinsam mit anderen Oxiden in der Kristallstruktur des Perowskits vorliegt, beruht die Wirkung als Katalysator auf der Modifikation Anatas (Abschn. 5.4.1). Anatas kann auf chemischem Weg aus einem Titandioxidhydrat hergestellt werden. Die Titankationen können drei- meist aber vierfach positiv geladen sein.

Eine katalytische Wirkung ergibt sich, wenn man chemisch auf das Titandioxidhydrat eine dünne Schicht aus Vanadiumoxid aufbringt. Die Vanadiumkationen liegen in diesem Fall vier- meist aber fünfwertig vor. Zur Verstärkung des katalytischen Effekts wird dotiert, meist mit Wolframoxid. Der Wirkung als Katalysatoren liegen komplizierte chemische Wirkungen zugrunde, die vor allen Dingen auf der Polyvalenz der Kationen basieren.

Das Pulver wird nach Zumischung von Plastifikatoren durch Vakuumstangziehen (Abschn. 3.3.2.) zu Wabenkeramik geformt. Es folgt die Trennung des endlosen Stranges in gewünschte Stücke bis etwa 1 m Länge. Diese Rohlinge werden bei 600–750 °C kalziniert. Dabei entstehen aus den Hydraten Anatas und die gewünschten Vanadium- sowie Wolframoxide. Es schließt sich *keine* Sinterung bei hohen Temperaturen an, da die theoretisch bei 915 °C, bei Anwesenheit von Dotanden schon ab 800 °C, beginnende Umwandlung des Anatas in Rutil unbedingt vermieden werden muss.

Das Erzeugnis weist eine hohe Porosität auf. Zum einen gestatten die Wabenkanäle mit etwa $1\,mm^2$ Querschnitt den Durchtritt des Gasstroms. Die Wabenwände weisen außerdem eine Mikroporosität auf. An den Porenwänden finden die katalytischen Reaktionen durch direkte Wirkung der Keramik statt. Darin besteht der große Unterschied zu anderen Katalysatoren. Wabenkeramiken auf der Basis von z. B. Cordierit (Abschn. 4.4) oder Siliziumkarbid (Abschn. 6.2) sind „nur" Katalysatorträger für Edelmetalle.

Da es sich bei der Keramik um ein hoch poröses Material handelt, besitzt sie nur eine geringe mechanische Festigkeit. Deshalb wurden solche großformatigen Wabenkatalysatoren zunächst nur in stationären Abgasanlagen, wie sie für Industriebetriebe und Kraftwerksanlagen typisch sind, eingesetzt. Spezielle stoßfreie Aufhängungen und Lagerungen gestatten aber mittlerweile auch eine Anwendung in dieselgetriebenen Fahrzeugen.

5.5 Magnet-Keramiken, Ferrite

5.5.1 Ursachen des Magnetismus von Keramiken

Man unterscheidet Dia-, Para- und Ferromagnetismus. Im vorliegenden Abschnitt interessiert der Ferromagnetismus mit seinen verschiedenen Untervarianten. Welche Art der magnetischen Eigenschaften auftritt, hängt vor allem vom Atomkern und von der Richtung der Eigenrotation der Elektronen auf den verschiedenen Elektronenschalen ab.

Charakteristisch für magnetische Metalle ist, dass sie Elemente der sogenannten 3d-Gruppe (Übergangsmetalle) enthalten. Dazu zählen Eisen, Mangan, Cobalt oder Chrom. In neuester Zeit werden aber auch Magnete auf der Basis von Seltenen Erden aus der sogenannten 4 f-Gruppe (Lanthanide) produziert. Samarium und Neodymium sind hier zu nennen. Diese Magnete bestehen aus Atomen mit Metallbindung.

Anders verhält es sich bei keramischen Magneten, die auf Ionenbindung zwischen Metallkationen und Sauerstoffanionen basieren. Hier spielen ebenfalls die Ionen der 3d-Elemente eine wichtige Rolle. Da sie polyvalent sind, d. h. unterschiedliche Wertigkeiten besitzen können, muss man auch diese berücksichtigen, um die magnetischen Eigenschaften zu verstehen.

Aus der Natur ist der Magnetit mit der chemischen Zusammensetzung Fe_3O_4 bzw. $FeO \cdot Fe_2O_3$ als magnetisches Material bekannt. In ein und demselben Mineral liegen zwei- und dreiwertige Eisenkationen nebeneinander vor. Ihre Ionenradien unterscheiden sich. Dadurch können sie sowohl in das Zentrum von Sauerstofftetraedern (kleineres freies Volumen) als auch -oktaedern (größeres freies Volumen) eingebaut sein. Die

Anordnung der Tetraeder und Oktaeder im Kristallgitter entspricht der im natürlichen Mineral Spinell. Die Plätze in den Sauerstoffpolyedern und damit die Platzierung der Eisenkationen in ihren Zentren sind aber nicht gleichwertig. Daraus resultiert, dass sich ein Teil der vorhandenen magnetischen Momente kompensiert. Man spricht von teilkompensiertem Antiferromagnetismus oder auch *Ferrimagnetismus.* Keramikmagnete gehören im landläufigen Sprachgebrauch zwar zu den ferromagnetischen Werkstoffen. Sie sind aber, exakt gesehen, ferrimagnetisch. Daher kommt auch die Bezeichnung Ferrite.

5.5.2 Weich- und Hartmagnet-Keramiken

Es existiert kein linearer Zusammenhang zwischen der magnetischen Induktion B und der magnetischen Feldstärke H. Weiterhin unterscheiden sich die Verläufe der Induktion bei Erhöhung der Feldstärke und bei ihrer Absenkung. Die Kurven schließen eine Fläche, die Hysterese-Fläche, ein. Für die Praxis sind zwei Werte wichtig: Die verbleibende Induktion bzw. Remanenz B_R, wenn die magnetische Feldstärke $H = 0$ ist, und die Koerzitivfeldstärke H_C, wenn die Induktion $B = 0$ ist. Man unterscheidet Weich- und Hartmagnete. Für sie typische Hysterese-Kurven zeigt Abb. 5.15.

Weichmagnete lassen sich relativ leicht ummagnetisieren. Die kleine Hysterese-Fläche korrespondiert mit relativ geringen Verlusten. Anders verhält es sich bei den *Hartmagneten.* Wegen der hohen Koerzitivfeldstärke und der großen Hysterese-Fläche lassen sie sich schwer ummagnetisieren. Sie sind die idealen Permanentmagnete. Es wird ein hohes Produkt aus B mal H, das sogenannte Energieprodukt, angestrebt.

Weichmagnetische Ferrite kristallisieren in der Regel analog dem Spinell-Gitter, hartmagnetische in der Regel analog dem Magnetoplumbit-Gitter. Um die Eigenschaften zu erklären, muss man die verschiedenen Elementarzellen zugrunde legen.

Im Spinell-Gitter existieren 8 Kationen mit tetraedrischer Umgebung durch die Sauerstoffanionen (sogenannte A-Plätze) und 16 Kationen mit oktaederischer Umgebung (sogenannte B-Plätze). Innerhalb einer Koordinationsvariante richten sich die magnetischen Momente parallel aus. Für sich allein würde das zu einer hohen Magnetisierung führen, z. B.

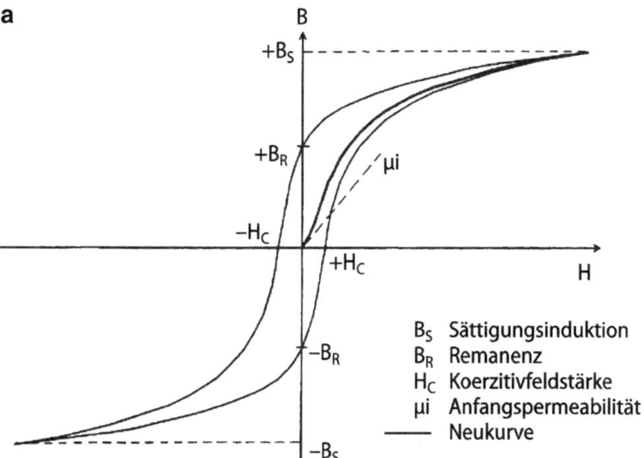

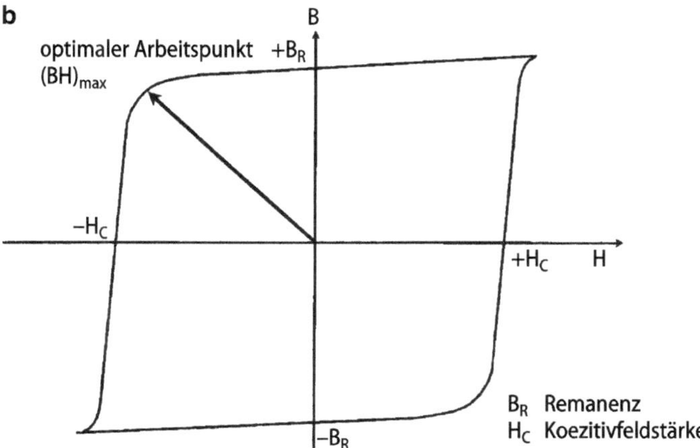

Abb. 5.15 Hysterese-Schleifen eines weichmagnetischen (**a**) und eines hartmagnetischen (**b**) Werkstoffs (Veröffentlicht mit freundlicher Genehmigung des Vulkan-Verlags, Essen [6, S. 138, Bild 68])

für eine ausschließliche *Oktaeder*-Koordination der Kationen. Die magnetischen Momente der Kationen in den Sauerstoff*tetraedern* richten sich ihrerseits auch parallel aus, nur umgekehrt gepolt. Sie kompensieren dadurch partiell die magnetischen Momente der Kationen in den Sauerstoffoktaedern. Es resultiert eine verringerte Magnetisierung. Daraus folgt, dass es günstig ist, auf den Tetraederplätzen 3d-Kationen mit geringen magnetischen Momenten zu haben. Eine Zumischung von ZnO bewirkt in der Regel eine Verbesserung der magnetischen Parameter, da Zink zwar ein 3d-Element ist, aber mit voll besetzter 3d-Schale.

Warum setzt man trotz der relativ geringen magnetischen Parameter keramische Weichmagnete ein? Der Hauptgrund besteht in ihrem hohen spezifischen elektrischen Widerstand weit über dem metallischer Magnete. Daraus resultieren bei Anwendungen im elektrischen Wechselfeld niedrige Verluste durch Wirbelstrombildung. Außerdem bleiben die ferrimagnetischen Parameter bis zur Curie-Temperatur erhalten. Sie liegt deutlich über der von metallischen Magnetwerkstoffen. Außerdem sind sie, da sie selbst Oxide sind, nicht gegen Sauerstoff oder Wasserdampf empfindlich. Sie können unter allen klimatischen Bedingungen eingesetzt werden.

Die Anwendung der Weichferrite erfolgt in der Regel als schwarze Magnetkerne. Ausführlich kann man sich zu den Einsatzgebieten in [6] und [7] informieren.

In Leistungsübertragern trennen Weichferrite die Energiequelle vom Verbraucher. Das ist für Transformatoren genau so wichtig wie für elektronische Schaltungen. Aufgrund der extrem großen Vielfalt an Grundzusammensetzungen der Magnete und Dotierungen kann man die magnetischen Eigenschaften für die Anwendungsfrequenzen und das geforderte Leistungsniveau optimieren.

Bei Breitbandübertragern müssen die Eigenschaften über einen breiten Frequenzbereich konstant arbeiten. Ihre Anwendung erfolgt in Datennetzen und anderen Kommunikationseinrichtungen.

Als Ferritkern-Spulen kommen die Keramiken in den verschiedensten Sensoren zur Anwendung, z. B. in Näherungsschaltern, aber auch in der elektronisch gesteuerten Lenkung von Kraftfahrzeugen.

Ein ganz wichtiger Anwendungsfall besteht in der Abschirmung von empfindlichen Geräten vor äußerer elektrischer oder elektromagnetischer Strahlung. In ausgewählten Frequenzbereichen weisen die Weichmagnete eine hohe Dämpfung auf. Verwendet man Ferritpulver in Kunststoff-kompositen, kann man dünne, magnetische Folien herstellen und damit die Geräte kapseln.

Wenn man *hartmagnetische* Ferrite herstellen will, z. B. die des Bariums oder Strontiums, sprengen die großen Kationen die Spinellstruktur. Die gleichzeitige Verbindung von Barium- oder Strontiumoxid mit Eisenoxid zu einem Werkstoff erfolgt meist in hexagonalen Kristallen vom Magnetoplumbit-Typ.

Es handelt sich dabei um ein Kristallgitter, dessen Elementarzelle aus sogenannten S- und R-Schichten besteht, von denen nur die S-Schichten tetraedrische und oktaedrische Koordinationen aufweisen. Dort sind die Fe^{3+}-Kationen platziert. Die großen Ba^{2+}- und/oder Sr^{2+}-Kationen befinden sich in sogenannten R-Schichten, die durch diese Kationen aufgeweitet sind. Dennoch findet ein sogenannter Superaustausch zwischen den 3d-Elektronen der Fe^{3+}-Kationen statt, der das magnetische Verhalten hervorruft. Die sich dabei abspielenden Vorgänge sind so komplex, dass an dieser Stelle auf eine genaue Erläuterung verzichtet werden muss. Aufgrund der großen Spannungen im Gitter sind hohe Stärken eines äußeren Magnetfeldes erforderlich, um eine Ummagnetisierung herbeizuführen. Das Material ist hartmagnetisch.

Wie auch bei den Weichmagneten sind Modifizierungen des Werkstoffs möglich. So können z. B. 2 Kationen Fe^{3+} durch je 1 Kation von Ti^{4+} und Co^{2+} ersetzt werden. Statt Fe^{3+} wird auch Al^{3+} in das Kristallgitter eingebaut. In beiden Fällen ist es wichtig, ob es gelingt, die Substitution gezielt auf Oktaeder- oder Tetraederplätzen durchzuführen. Man kann dadurch die Größe und Form der Hysterese-Fläche beeinflussen und den Anwendungsfällen anpassen.

Natürlich sind auch Hartferrite ein polykristallines, keramisches Material mit zunächst regelloser Anordnung der Elementarmagnete. Das bedeutet, dass ohne besondere Maßnahmen keine äußere magnetische Wirkung resultiert. Wenn man allein durch externe Magnetisierung eine Gleichrichtung der Elementarmagnete erreichen wollte, benötigte man dafür, abgeleitet aus dem eben Gesagten, extrem hohe magnetische Feldstärken. Aus diesem Grund wird z. B. Bariumhexaferrit $BaO \cdot 6Fe_2O_3$ bzw. $BaFe_{12}O_{19}$ zunächst als Pulver synthetisiert. Das sich anschließende Pressen des Pulvers erfolgt uniaxial (Abschn. 3.3), aber in einem Magnetfeld. Dadurch erreicht man eine Vororientierung der Pulverteilchen.

Zur endgültigen Magnetisierung sind dann geringere Feldstärken erforderlich.

Die Anwendung der Hartferrite erfolgte zuerst in Lautsprechern. Heute kommt der Motorenbau nicht mehr ohne sie aus. Kleinmotoren stellen nach wie vor das Haupteinsatzfeld dar. Aber auch für magnetostriktive Sensoren sind sie unerlässlich. Summiert man, finden sich im Pkw an bis zu 60 Stellen keramische Hartmagnete. Aber auch in der analogen und digitalen Speichertechnik sind sie zuhause.

5.6 Oxid-Keramik-Halbleiter

5.6.1 NTC-Keramiken

In der allgemeinen Vorstellung verbindet sich mit dem Begriff „Keramik" ein elektrisch isolierender Werkstoff. Das trifft auch für die meisten Keramik-Werkstoffe zu. In den vorangegangenen Kapiteln wurde aber bereits mehrfach darauf verwiesen, dass Keramik-Werkstoffe polyvalente Elemente enthalten können. Sie sind in der Regel als *Verunreinigungen* in den Rohstoffen enthalten und damit im Fertigprodukt nicht erwünscht, z. B. im Porzellan (Abschn. 4.2) oder in der Korund-Keramik (Abschn. 5.2). Andere Keramiken basieren aber gerade auf diesen Oxiden, meist der 3d-Elemente, z. B. TiO_2, (Abschn. 5.4) und Fe_2O_3 (Abschn. 5.5). Zu nennen sind weiterhin die Kationen von Vanadium, Chrom, Mangan, Cobalt, Nickel und Kupfer. Die Kationen des Titans können beispielsweise als Ti^{4+} und Ti^{3+}, die des Vanadiums als V^{5+}, V^{4+} und V^{3+}, die des Eisens als Fe^{3+} und Fe^{2+} vorkommen. In halbleitenden Keramiken müssen mindestens zwei verschiedenen Wertigkeitsstufen nebeneinander in ausreichender Menge vorliegen.

Für jedes polyvalente Element gilt: Je höher die Wertigkeit, desto kleiner ist der Ionenradius. Stark vereinfacht, kann man sagen, dass kleinere Kationen leichter in die Sauerstoff-Koordinationspolyeder eingebaut werden als größere, so dass in einer vorgegebenen Gitterstruktur die höhere Wertigkeitsstufe der Kationen überwiegt. Ausschließlich die höhere Wertigkeitsstufe wird dann angestrebt, wenn die Werkstoffe einen hohen spezifischen elektrischen Widerstand aufweisen sollen. Das ist für die behandelten Titanate und Ferrite meist der Fall. In Rutil-Keramik für Kondensatoren muss das Titankation als Ti^{4+} und in Bariumhexaferrit-Hartmagneten das Eisenkation als Fe^{3+} vorliegen. Man erreicht sie durch einen oxidierenden Brand. Der Partialdruck des Sauerstoffs in der Brennatmosphäre soll mindestens mit dem der Umgebungsluft identisch, manchmal aber auch höher sein.

Wird aber bei reduzierender Atmosphäre gesintert (Abschn. 3.4), dann enthalten die entsprechenden Werkstoffe auch eine relevante Menge an Kationen mit der niedrigeren Wertigkeitsstufe in identischen Koordinationspolyedern. Zwischen den Wertigkeitsstufen existiert ein temperaturabhängiges Gleichgewicht. Befindet sich eine ausreichend große Menge polyvalenter Kationen in den Kristallen, so dass, wieder stark vereinfacht ausgedrückt, die freie Weglänge der Elektronen ausreicht, um von einem Kation der niedrigeren Wertigkeitsstufe, z. B. Ti^{3+}, zu einem Ti^{4+}-Kation zu gelangen, dann ist diese Elektronenbewegung grundsätzlich möglich. Es tritt Elektronenleitung auf. Sie erfolgt analog der n-Leitung durch Störstellen in traditionellen Halbleitern. Allerdings sind die Leitfähigkeiten nicht so hoch. Auch bei Keramik-Halbleitern, hier speziell den Oxidkeramik-Halbleitern, steigt die Leitfähigkeit mit der Temperatur. Das wird technisch in NTC-Keramiken ausgenutzt.

Der Begriff NTC steht für „negative temperature coefficient" des spezifischen elektrischen Widerstands der halbleitenden Keramikerzeugnisse. Aufgrund der bei steigender Temperatur ansteigenden elektrischen Leitfähigkeit gehören die Erzeugnisse zu den keramischen *Heiß*leitern. Die Leitfähigkeits-Temperatur-Kurve nimmt aber in der Regel keinen linearen Verlauf, sondern weist Bereiche mit einem starken Anstieg der Leitfähigkeit bzw. einem starken Abfall des elektrischen Widerstands auf. Beispiele dafür zeigt Abb. 5.16.

In den NTC-Keramiken findet man die Oxide aller eben genannten polyvalenten Elemente, aber auch von Zink und Lithium. Das in den Keramiken vorherrschende Kristallgitter ist das des Spinells. Die Kristalle müssen sehr klein sein.

Der Effekt wird vor allem in Bauelementen zur Spannungsregelung in Schaltkombinationen mit anderen Widerständen eingesetzt. Man findet NTC-Keramik aber auch in Präzisionswiderstandsthermometern.

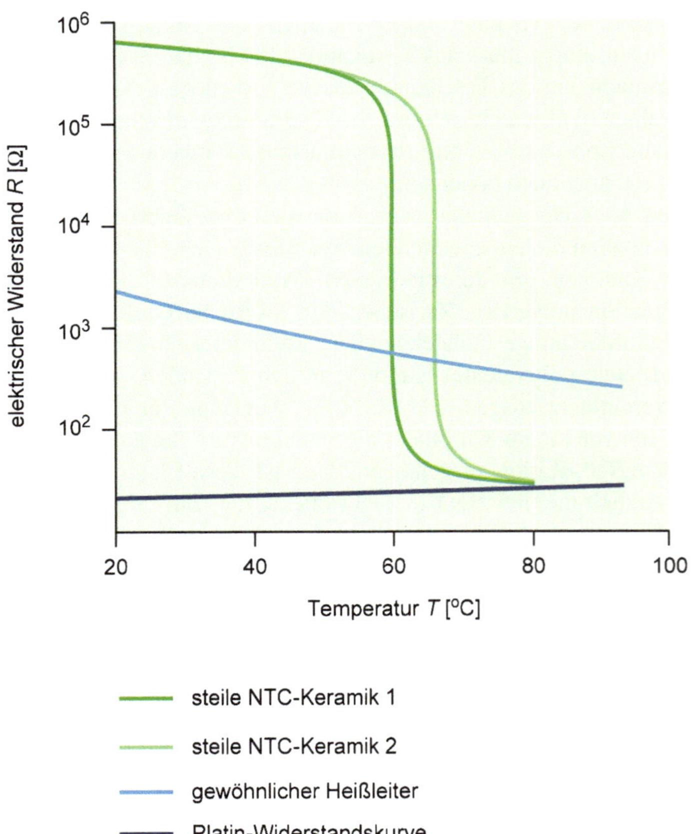

Abb. 5.16 Abhängigkeit des elektrischen Widerstands zweier NTC-Keramikerzeugnisse im Vergleich zu gewöhnlichen Heißleitern und metallischem Platin von der Temperatur (Veröffentlichung mit freundlicher Genehmigung des Thieme Verlags, Stuttgart [2, Stichwort NTC-Keramik])

5.6.2 PTC-Keramiken

Es ist aber auch möglich, spezielle, hier nicht genauer zu behandelnde Korngrenzeneffekte für die elektrische Halbleitung zu nutzen. Die Keramiken enthalten spezielle Elektronendonatoren. Sie führen bei Raum-

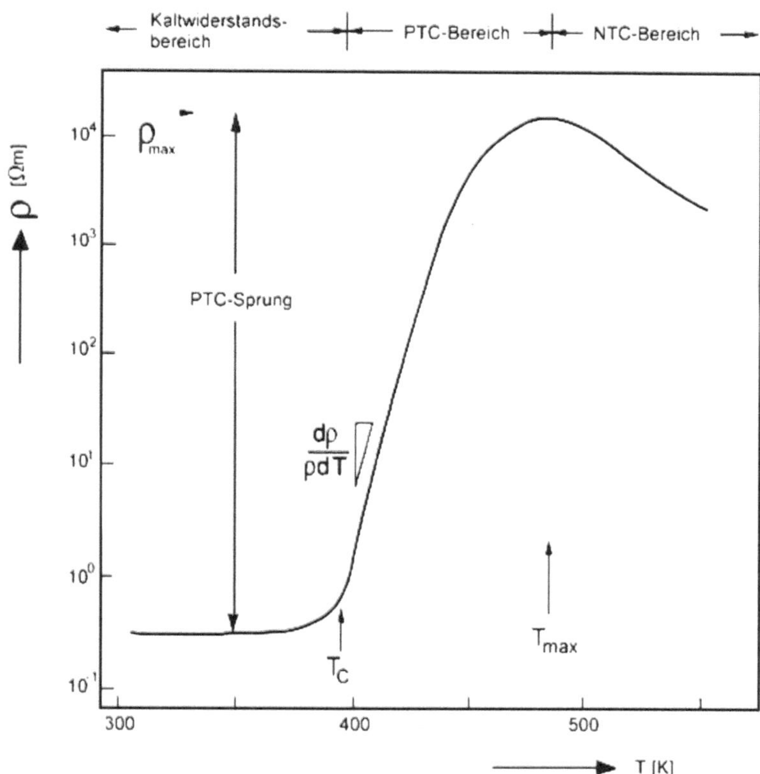

Abb. 5.17 Temperaturabhängigkeit des spezifischen elektrischen Widerstandes ρ für eine PTC-Keramik auf der Basis von donatordotiertem $BaO \cdot TiO_2$. T_C bedeutet Curie-Temperatur, T_{max} entspricht der Temperatur, bei der der höchste spezifische elektrische Widerstand auftritt [5, Bild 504]

temperatur dazu, dass in den Bauelementen Elektronenleitung, also wiederum n-Leitung, aber mit einem bei steigender Temperatur zunächst geringfügig fallenden elektrischen Widerstand, stattfindet. Man spricht von einem Kaltleiter. Tritt aber mit steigender Temperatur ein Modifikationswechsel auf, z. B. eine Umwandlung von einem tetragonalen in ein kubisches Kristallgitter, dann wächst der elektrische Widerstand genau bei dieser Temperatur, die auch als Sprungtemperatur bezeichnet wird,

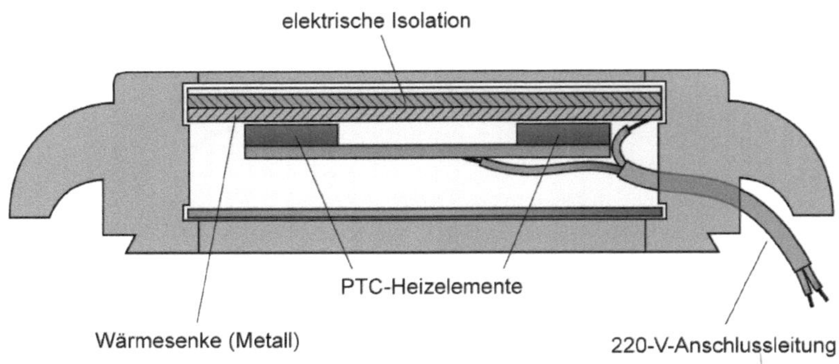

Abb. 5.18 Warmhalteplatte mit PTC-Heizung (Veröffentlicht mit freundlicher Genehmigung des Thieme Verlags, Stuttgart [2, Stichwort PTC-Keramik, Abbildung 2])

sehr stark, meist um 3 bis 7 Zehnerpotenzen, an. Er besitzt dann einen „positive temperature coefficient" (PTC) des spezifischen elektrischen Widerstands. Eine weitere Temperaturerhöhung führt aufgrund der Anwesenheit von Elektronendonatoren dann wieder zu einem Abfall des Widerstandes. Abbildung 5.17 zeigt den prinzipiellen Verlauf. Es ist zu beachten, dass die Abszisse erst bei 300 °C beginnt.

Dieses Verhalten wurde bisher nur in ferroelektrischem Material (Abschn. 5.4), meist auf der Basis von $BaTiO_3$, festgestellt. Die Dotanden sind La^{3+}, Y^{3+}, Sb^{3+}, Nb^{5+} und Ta^{5+}. Die der keramischen Masse zugegebene Menge beträgt $\leq 0{,}3$ Atom-%. Die drei- und fünfwertigen Kationen ersetzen dabei immer paarweise das Ti^{4+}.

Die Anwendung von PTC-Keramik erfolgt meist als Temperatursensoren sowie vor allem als thermische Grenzwertschalter. Da man die Sprungtemperatur vor allem durch den partiellen Ersatz von Ba^{2+} durch Sr^{2+} einstellen kann, ist es möglich, die Stromleitung bei einer gewünschten Temperatur zu unterbrechen, z. B. bei einer Warmhalteplatte (Abb. 5.18).

5.6.3   Varistoren

Sie besitzen einen spannungsabhängigen spezifischen elektrischen Widerstand. Auch dieser Zusammenhang ist nicht linear. Bei niedrigen Stromstärken sind die Bauelemente hochohmig. Bei einer definierten Spannung, der sogenannten Durchbruchspannung, fällt der Widerstand extrem ab; die halbleitende Varistor-Keramik leitet in diesem Zustand den Strom hervorragend. Den Zusammenhang zeigt Abb. 5.19.

Dem Varistorverhalten liegt ein komplizierter Mechanismus zugrunde. Hier sei nur gesagt, dass für das Verhalten einerseits elektronenabgebende Dotierungen *in* den Kristallen und andererseits elektrisch isolierende Sperrschichten *auf* den Korngrenzen verantwortlich sind. Die einzelnen Kristalle selbst sind halbleitend. Die Sperrschichten lassen erst bei Spannungen über der Durchbruchspannung die Elektronen hindurch, so dass der starke Abfall des spezifischen elektrischen Widerstands auftritt. Varistor-Keramik wird auf der Basis von ZnO, das mit Bi_2O_3 dotiert ist, produziert. Die Anwendung erfolgt als Überspannungsschutz in nahezu allen technisch wichtigen Bereichen.

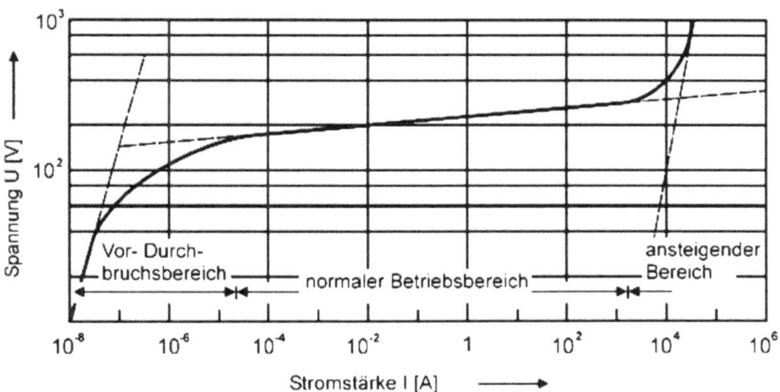

Abb. 5.19 Strom-Spannungs-Kennlinie eines ZnO-Varistors [5, Bild 503]

5.7   Ionenleitende Oxid-Keramik

5.7.1   Sauerstoffanionenleitende Oxid-Keramik

Auch hier sei nochmals daran erinnert, dass klassische Keramik-Erzeugnisse eine so geringe elektrische Leitfähigkeit aufweisen, dass sie elektrische Isolatoren sind. Das hängt damit zusammen, dass die elektrischen Ladungen in den hauptsächlich heteropolar gebundenen Werkstoffen an Ionen fixiert sind. Die Kationen erhalten ihre positive Ladung durch Elektronenabgabe an den Sauerstoff. Dieselbe Anzahl der von den Kationen abgegebenen Elektronen wird durch die Anionen aufgenommen. Die Elektronenleitfähigkeit ist gleich Null. Die Ionen sind im Kristallgitter lokal fixiert.

Es verbleibt eine sehr, sehr geringe Ionenleitfähigkeit durch Diffusion. Obwohl es scheinbar einen Widerspruch darstellt, sind elektrische Keramikisolatoren deshalb Ionenleiter. Die Leitfähigkeit korrespondiert mit den Diffusionskoeffizienten der Ionen. Diese hängen von den Ionen selbst, aber auch von Baufehlern in den Kristallgittern ab. Letzterer Effekt wird ausgenutzt, wenn man gezielt eine höhere elektrische Leitfähigkeit z. B. in Sauerstoffanionen leitender Oxid-Keramik herstellen will. Man baut in das Kristallgitter Sauerstoff-Leerstellen ein. Die Diffusion der Sauerstoffanionen über diese Leerstellen ist mit einem Ladungstransport verbunden, der deutlich höher als bei Isolatoren liegt, jedoch in Abhängigkeit von der Kristallstruktur variieren kann.

▶ **Definition** Als elektrische Isolatoren sind alle die Werkstoffe definiert, deren spezifischer elektrischer Widerstand über $10^8\,\Omega \cdot cm$ bzw. deren spezifische elektrische Leitfähigkeit unter $10^{-8}\,S \cdot cm^{-1}$ liegt. Metallische Leiter besitzen spezifische elektrische Leitfähigkeiten in der Größenordnung von $10^5\,S \cdot cm^{-1}$. Der Bereich dazwischen wird partiell durch elektrische Halbleiter und Ionenleiter eingenommen.

Eine große Verbreitung haben Sauerstoffanionenleiter auf der Basis von ZrO_2 gefunden. Bereits im Abschn. 5.3 wurde auf Zirkoniumdioxid-Keramik eingegangen, allerdings mehr aus mechanischer Sicht und als Implantatwerkstoff. Die Stabilität wurde durch Dotierungen mit MgO oder Y_2O_3 erreicht. Es ist aber auch eine Dotierung mit CaO möglich.

Wenn man dieses Oxid in das Zirkoniumdioxid-Kristallgitter einbaut, setzt sich das Ca^{2+} auf die Gitterplätze des Zr^{4+}. Zur Kompensation seiner positiven Ladung benötigt das Ca^{2+} jedoch 2 Elektronen weniger als das Zr^{4+}. Bliebe das Sauerstoffanionenteilgitter unverändert, würde ein elektrisch negativ geladenes Material entstehen. Das tritt aber unter keinen Umständen auf. Vielmehr bilden sich im Sauerstoffanionenteilgitter gerade so viele Leerstellen, dass eine vollständige Ladungskompensation auftritt. Die Sauerstoffanionen können es sich aber „aussuchen", welche Gitterplätze sie belegen. Durch Wanderung der Sauerstoffanionen im elektrischen Feld entsteht der angestrebte Ladungstransport.

Um eine gerichtete Sauerstoffanionendiffusion auszulösen, bietet es sich an, eine Differenz des Sauerstoffpartialdrucks aufzubauen. Oder – besser – man nutzt eine bereits vorliegende Druckdifferenz aus. Das ist der Fall, wenn man Abgassensoren herstellt. Der Vergleichspartialdruck ergibt sich aus dem Sauerstoffanteil der Umgebungsluft; die andere Druckgröße liegt in den Abgasen vor. In diesem Gefälle des Sauerstoff-Partialdrucks wandern die O^{2-}-Anionen. Es entsteht eine geringe, von dem Gefälle des Partialdrucks abhängige Gleichspannung.

Beispiel

Sie reicht aus, um den Sauerstoffgehalt in Abgasen zu bestimmen und den Wert z. B. für die Regelung der Verbrennung in entsprechenden Motoren sowie die katalytische Nachverbrennung zu nutzen. Der Sensor ist im täglichen Sprachgebrauch als λ-Sonde bekannt. Da sich die Ionenleitfähigkeit mit steigender Temperatur erhöht, erreicht die λ-Sonde erst zwischen 400–1000 °C günstige Betriebsparameter. Abbildung 5.20 zeigt das Funktionsprinzip.

Etwas komplizierter gestalten sich die Verhältnisse beim Einsatz Sauerstoffanionen leitender Keramik als sogenannter *Festelektrolyt* in Brennstoffzellen. An dieser Stelle kann nur auf *diese* Variante der Brennstoffzellen eingegangen werden. Auf Abb. 1.4 wurde ein Beispiel für eine Packung aus in Reihe geschalteten Brennstoffzellen gezeigt. Die Packung wird auch als Stack bezeichnet. Die Werkstoffentwicklung hierfür läuft gegenwärtig auf Hochtouren, so dass alle folgenden Angaben nur Beispielcharakter tragen. Drei unterschiedliche Keramiken

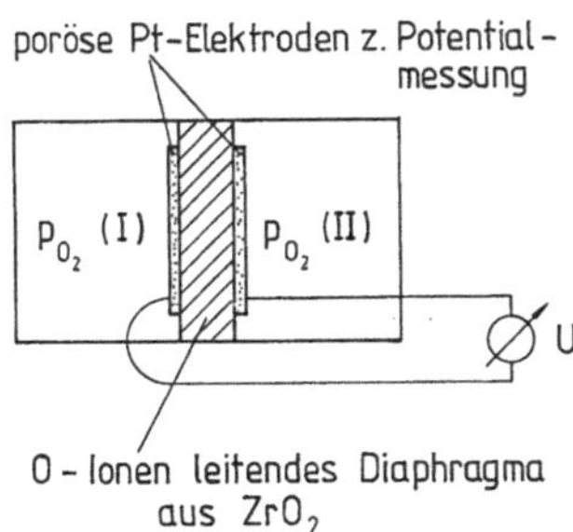

Abb. 5.20 Galvanisches Prinzip der Lambda-Sonde mit unterschiedlichen Sauer-
stoffpartialdrücken p_{O2} in den Kammern (I) und (II) (Veröffentlichung mit freundlicher Genehmigung des HvB-Verlags, Ellerau [1, 2. Erg.-Lfg., Abschn. 8.2.1.0,
Bild 1])

als gasdichte Membran und poröse Schichten bilden die hier behandelte
Brennstoffzelle.

Das Herzstück ist eine dotierte ZrO_2-Keramikmembran, die nach
der Foliengießtechnik (Abschn. 3.3.1) hergestellt wird. Die Dotierung
z. B. mit Y_2O_3 führt, analog der eben behandelten Dotierung mit CaO,
zur Leerstellenbildung im Sauerstoffionenteilgitter und damit zur Sauerstoffanionenleitfähigkeit. Die Dotierung ist, um eine technisch nutzbare
Leitfähigkeit zu erhalten, deutlich größer als bei den unter Abschn. 5.3
behandelten, durch Y_2O_3 stabilisierten ZrO_2-Keramik-Implantaten mit
besonders hoher Bruchzähigkeit.

Genau wie im Fall der λ-Sonde liegt an der einen Membranseite Luft
an. Die zweite wird aber nicht von Abgas, sondern einem Brenngas umspült. Dieses kann aus Wasserstoff, CO oder den verschiedensten Kohlenwasserstoffen bestehen. Die Elektrode auf der Luftseite ist als Kathode gepolt, so dass Sauerstoffanionen entstehen. Sie allein sind in der
Lage, über die Leerstellen des Kristallgitters durch die Membran zu diffundieren. Die Brenngase können das nicht. Sobald die Sauerstoffanionen auf der anderen Membranseite mit dem Brenngas in Kontakt kommen, geben sie ihre Elektronen ab. Die als Anode geschaltete Elektrode
auf der Membranoberfläche leitet die Ladung als elektrischen Strom ab.
Es findet somit eine direkte Umwandlung von chemischer in elektrische
Energie statt, siehe die Prinzipskizze auf Abb. 5.21. Die Anlagen werden

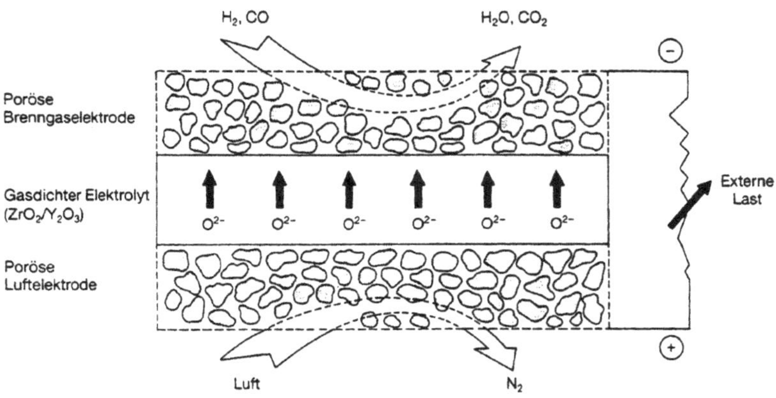

Abb. 5.21 Prinzipdarstellung einer Hochtemperatur-Brennstoffzelle (Veröffentlicht mit freundlicher Genehmigung des HvB-Verlags, Ellerau [1, 20. Erg.-Lfg., Abschn. 8.5.2.0., Bild 2])

zur Verbesserung der Sauerstoffanionenleitfähigkeit bei erhöhter Temperatur betrieben.

Während die Festelektrolytmembran ein ausschließlicher Sauerstoffanionenleiter ist, müssen die Elektroden zwei Funktionen erfüllen: Sie müssen auf der Kathodenseite die elektrische Ladung als Elektronen aus dem Stromkreis aufnehmen und als Ionenladung an die Membran abgeben. Auf der Anodenseite findet der umgekehrte Vorgang statt. Die Elektrodenmaterialien müssen sowohl ionen- als auch elektronenleitend sein. Das ist nur in ganz speziellen Oxidkeramik-Werkstoffen möglich. Gleichzeitig wird verlangt, dass sie einerseits für Luft und andererseits für das Brenngas ausreichend porös sind, um es an die Membran zu transportieren. Da der Hinvorgang an der Kathode (Elektronen werden am Sauerstoff fixiert) nicht identisch mit dem Rückvorgang an der Anode (Elektronen werden in den Stromkreis eingespeist) ist, kommen für die Kathode und die Anode unterschiedliche Keramiken zur Anwendung. Hochtemperatur-Brennstoffzellen werden bei 800–1000 °C eingesetzt. Das bedeutet, dass die Elektrodenmaterialien diese Temperatur ohne Veränderungen aushalten müssen. Das ermöglichen ebenfalls nur Keramiken.

Die unmittelbare Ankopplung des Stromkreises an die Kathode erfolgt über Elektronenleitung, wie sie in Abschn. 5.6 beschrieben ist. Der Kathodenwerkstoff kann aus Manganat-Keramik bestehen. Mangan kommt als 2-, 3-, 4- und 6fach positives Kation vor, wobei die Basiszusammensetzung der porösen Schicht auf dem Mn^{6+} beruht. Alle anderen auch vorhandenen Wertigkeitsstufen bewirken n-Leitung. Weiterhin wird das Mn^{6+} partiell durch Lanthan- und Silizium-Kationen substituiert. Die komplexen Wechselwirkungen rufen gleichzeitig Elektronen- und Sauerstoffanionenleitfähigkeit hervor. Der aus der Luft nicht benötigte Stickstoff verlässt die poröse Kathode.

An der Anode finden die elektrochemischen Prozesse zwischen den Sauerstoffanionen und dem Brenngas statt. Die Sauerstoffanionen und die Brenngase müssen an den Reaktionsort in der Anode transportiert und dann die Moleküle der Abgase durch die poröse Anode weggeführt werden. Gleichzeitig erfolgt die Ableitung der Elektronen. Hierfür eignet sich am besten ein Cermet. Das ist ein Verbundwerkstoff, der im Mikrobereich aus einer keramischen und einer metallischen Phase besteht. Ganz stark vereinfacht kann man folgendes sagen: Die keramische Phase ist für die Sauerstoffionenleitung, die metallische Phase für die Elektronenleitung zuständig. Letztere Aufgabe übernimmt z. B. Nickel. Die Sauerstoffanionenleitung erfolgt wiederum in einer Y_2O_3-dotierten ZrO_2-Keramik.

Die Elektroden werden als Schichten, z. B. durch Siebdruck, auf die Zirkoniumdioxid- Membran aufgebracht und mit dieser versintert. Für die Brennstoffzelle als Ganzes bietet sich die Mehrlagen-Folientechnik an, wie sie bereits in Abschn. 5.4.1 für klassische Kondensatorkeramik und in modifizierter Form in Abschn. 5.9 für LTCC-Bauelemente beschrieben wird.

5.7.2 Kationenleitende Oxid-Keramik

In den vorangegangenen Abschnitten wurde mehrmals darauf verwiesen, dass Silikat-Keramik und elektrisch isolierende Oxid-Keramik einen ganz geringen Anteil an Ionenleitung aufweisen. Die Ursache dafür wurde aber noch nicht erklärt. Sie besteht darin, dass entweder ungewollt als Verunreinigung oder gewollt als Bestandteil der Masse die Werkstoffe Alkalikationen enthalten. Sie sind einfach positiv geladen und dadurch im Kristallgitter im Vergleich zu mehrwertigen Kationen relativ schwach gebunden. Wenn sie zusätzlich einen geringen Ionenradius besitzen, die Kristallgitter von Haus aus Leerstellen und zusätzlich Baufehler enthalten, können sie sich im elektrischen Feld bewegen. Für eine solche Diffusion eignen sich vor allem die Kationen des Lithiums und Natriums, aber auch die des Silbers. Da die genannten Kationen in einer klassischen Keramik kaum enthalten sind, können sich keine stabilen Diffusionspfade ausbilden. Dadurch verhält sich der Werkstoff wie ein Isolator.

Wie das bei technischen Vorgängen häufig der Fall ist, kann man aber auch den entgegengesetzten Effekt dadurch anstreben, dass man die eben genannten Parameter bewusst verstärkt. Man erhöht also den Anteil an Li^+, Na^+ oder Ag^+ erheblich, wählt eine solche Grundzusammensetzung, dass ein Gitter mit Leerstellen in den Polyedern der Sauerstoffanionen auftritt, und verhindert beim Sintern das Ausheilen von Kristallbaufehlern.

Im Ergebnis erhält man eine weitere Art von Oxidkeramik-Festelektrolyten, deren elektrische Leitfähigkeit zwischen 10^{-5} bis $10^{-2}\,S \cdot cm^{-1}$ liegen kann. Diese Werte erhöhen sich mit der Temperatur, da sich mit steigender Temperatur die Kristallgitter ausdehnen und dadurch die Kationendiffusion deutlich erleichtern.

Ein Beispiel für eine kationenleitende Oxidkeramik stellt die sogenannte β-Tonerde oder β-Al_2O_3 dar. Der Begriff wurde sehr unglücklich gewählt, da es sich bei dem Material nicht um eine Tonerde oder um eine spezielle Modifikation des reinen Al_2O_3 handelt. Vielmehr ist der Werkstoff ein Natrium-Aluminat mit der Formel $Na_2O \cdot 11\,Al_2O_3$. Die Kristalle sind locker aufgebaut. Das Al^{3+} befindet sich mit dem Sauerstoff in 4er- und 6er-Koordination, d. h. einer Art Spinellstruktur. Dazwischen liegen Natrium-Sauerstoff-Polyeder mit wechselnder Koordinierung. Dadurch können die Natriumkationen relativ leicht diffundieren. Es werden elektrische Leitfähigkeiten $\sigma \approx 10^{-2}\,S \cdot cm^{-1}$ erreicht. Für diesen Fall spricht man von einem *Superionenleiter*.

Auf der Basis von β-Al_2O_3 werden schon seit etwa 40 Jahren Batterien hergestellt. Sie besitzen zwar keine sehr hohe Kapazität. Ihr Vorteil besteht aber darin, dass sie ihre Ladung über lange Zeit mit sehr konstanten Werten abgeben. Die ursprüngliche Anwendung waren Batterien für Herzschrittmacher.

Wenn es gelingt, das Anion Sauerstoff partiell durch solche mit einem größeren Ionenradius zu ersetzen, z. B. durch zweifach negativen Schwefel S^{2-}, steigt die Leitfähigkeit weiter. Einen zusätzlichen Effekt erhält man dadurch, einfach negative Anionen des Chlors oder Jods partiell an die Stelle des Sauerstoffs zu setzen. Da aus Sicht der Elektroneutralität immer 2 einwertige Chlor- oder Jodanionen 1 zweiwertiges Sauerstoffanion ersetzen, wird das Gitter aufgeweitet, was wiederum die Kationendiffusion erleichtert.

Auf diesem Gebiet wird aktuell intensiv geforscht, da man Oxidkeramik-Festelektrolyte für Akkumulatoren zum Betrieb von Elektroautos erwartet. Ein vielversprechendes System, das auch den Anwendungsbedingungen in einem Pkw standhält, besteht aus Ag_2MoO_4 und AgJ (Silbermolybdat und Silberjodid).

5.8 Keramik-Supraleiter

Es existieren auch Oxidkeramik-Werkstoffe, die unterhalb einer kritischen Temperatur T_c einen gegen Null gehenden spezifischen elektrischen Widerstand aufweisen. Der Effekt wird als *Supraleitung* auf der Basis einer speziellen Art von Elektronenleitung bezeichnet. Diesen Effekt weisen auch andere Werkstoffe auf. Da für sie T_c in der Regel bei $\leq 4\,K$ liegt, erfordert eine technische Anwendung sehr hohen Aufwand. Als dann im Jahr 1983 durch Johannes Georg Bednorz und Karl Alexander Müller Keramikwerkstoffe, speziell Cuprate, entdeckt wurden, die für die Unterschreitung von T_c eine nicht ganz so starke Unterkühlung benötigen, entstand der Begriff „Hoch"temperatur-Supraleiter, obwohl die Effekte nach wie vor weit unterhalb von $0\,°C$ auftreten, nur eben nicht ganz so tief.

Der Elektronentransport in Hochtemperatur-Supraleitern erfolgt in quasi widerstandsfreien Schichten, was ein ganz spezielles Kristallgitter erfordert. O^{2-} belegt wieder die Anionenplätze des Kristallgitters, wobei nicht alle theoretisch denkbaren Plätze besetzt sind. In einem 1987 der Fachwelt vorgestellten Supraleiter befinden sich z. B. auf den Kationenplätzen Kupfer, Yttrium und Barium. Die chemische Zusammensetzung lautet $YBa_2Cu_3O_{7-x}$. Man spricht auch von dem sogenannten 1,2,3-Oxid. Das „$-x$" deutet auf Sauerstoffanionenleerstellen. Die wechseln-

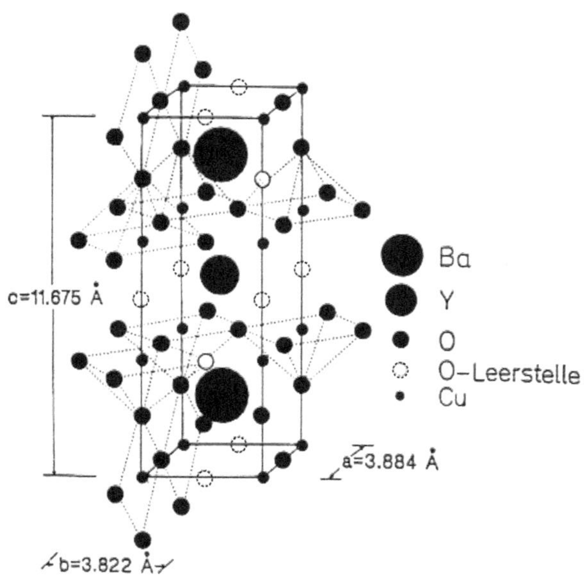

Abb. 5.22 Struktur des Hochtemperatur-Supraleiters $YBa_2Cu_3O_{7-x}$ [5, Bild 271]

den Wertigkeiten des Kupferkations (3d-Element) verursachen freie Elektronen. Die Sprungtemperatur für diese spezielle Keramik liegt bei 92 K, d. h. $-181\,°C$. Aus Abb. 5.22 geht der Aufbau des Kristallgitters hervor.

Die Kristallstruktur ähnelt dem Perowskit, wobei man eine Schichtstruktur erkennen kann. Zwischen den Schichten konzentrieren sich die in der Formel mit „$-x$" angegebenen Sauerstoff-Leerstellen. Sie sind auf Abb. 5.22 mit den punktierten kleinen Kreisen gekennzeichnet. Aus den Leerstellen resultiert, extrem stark vereinfacht, für Elektronen des Kupfers die Möglichkeit, sich ohne elektrischen Widerstand zu bewegen. Am Verständnis des Transportmechanismus der Elektronen wird noch umfangreich geforscht.

Eine weitere als Supraleiter aussichtsreiche Oxidkeramik weist die komplizierte Zusammensetzung $Bi_2Sr_2Ca_2Cu_3O_{10-x}$ mit einer Sprungtemperatur von 110 K auf.

Durch flüssigen Stickstoff können die erforderlichen, niedrigen Temperaturen erreicht werden. Erste technische Anwendungen befinden sich in der Entwicklungsphase, z. B. für tiefgekühlte Kabel zur Übertragung von Gleichstrom, Sensoren zur Messung kleiner Magnetfeldänderungen oder für Hochfrequenzanwendungen.

5.9 Low temperature cofired ceramics (LTCC)

Bei den LTCC handelt sich um eine kombinierte Weiterentwicklung der Foliengießtechnik, der Siebdrucktechnik und der Herstellung von Mehrlagen-Keramik. Das primäre Ziel bestand zunächst darin, keramische Substrate (Dielektrika mit niedriger Permittivität ε_r) als ganz dünne, ebene, gleichmäßig verdichtete Scheibchen mit extrem glatter Oberfläche herzustellen. Das ermöglichte das Foliengießverfahren z. B. nach der Doctor-blade-method (Abschn. 3.3.1), das auch zur Herstellung von piezoelektrischen und ferrimagnetischen Bauelementen eingesetzt wird.

Keramiken, die sich als Substrat für vor allem leistungselektronische Schaltkreise eignen, müssen neben der geringen Permittivität und geringen dielektrischen Verlusten, die unter Betriebsbedingungen nur zu einer geringen Wärmeentwicklung führen, auch eine möglichst hohe Wärmeleitfähigkeit besitzen. Weiterhin sollte der thermische Ausdehnungskoeffizient als Voraussetzung für eine gute Temperaturwechselbeständigkeit niedrig sein. Gleichzeitig garantiert ein Ausdehnungskoeffizient von etwa $3{,}4 \cdot 10^{-6}\,K^{-1}$ das spannungsarme Fügen mit Silizium-Bauelementen.

Aus der Vielzahl der Forderungen resultiert, dass die chemische Zusammensetzung der Keramik-Substrate anwendungsbezogen ausgewählt werden muss. Neben Oxid- kommen auch Nichtoxid-Keramiken als Substrate in Betracht. Aus beiden Werkstoffgruppen zeigt Tab. 5.2 eine Auswahl. Silizium ist als Vergleich mit angegeben. Auf Aluminiumnitrid- und Siliciumkarbid-Keramik wird in den Abschn. 6.2 und 6.5 näher eingegangen, Korund- und Mullit-Keramik wurden bereits in den Abschn. 5.2 bzw. 4.5 behandelt. Die Herstellung von Berylliumoxid-

Tab. 5.2 Eigenschaften typischer keramischer Substratmaterialien, Veröffentlichung mit freundlicher Genehmigung des HvB-Verlags, Ellerau [1, 70. Erg.-Lfg., Abschn. 3.6.1.2, Tabelle 1]

Eigenschaft	Dimension	Al_2O_3	AlN	LTCC	Mullit	SiC	BeO	Si
Thermischer Ausdehnungskoeff.	$10^{-6} \cdot K^{-1}$	6,5	4,2	5,8	3,9	3,7	6,8	3,4
Wärmeleitfähigkeit	$W \cdot m^{-1} \cdot K^{-1}$	25	230	3	4	250	290	125
Biegebruchfestigkeit	MPa	350	350	210	220	450	250	100
Permittivität bei 1 MHz		9,4	8,8	7,8	6,3	40	6,8	12
Dielektrischer Verlust bei 1 MHz	10^{-3}	0,3	0,3	2	3	5	0,4	n. b.

Keramik ist in Deutschland wegen der Toxizität des Ausgangspulvers verboten. In den USA existieren total gekapselte Verfahren zur Herstellung der Substrate. Da Geräteimporte aus den USA mit leistungselektronischen Schaltkreisen durchaus BeO-Substrate enthalten können, ist der Werkstoff in Tab. 5.2 ebenfalls angeführt.

Das Sintern aller in Tab. 5.2 genannten Keramiken erfordert Temperaturen über 1600 °C. Auf die bereits *gesinterten* Substrate wurden anfänglich elektrische Leiterbahnen, z. B. aus Aluminium, Kupfer, Silber und manchmal Gold, aufzutragen. Dafür bietet sich die Siebdrucktechnik an, die es gestattet, das gewünschte Muster der Leiterbahnen und auch Kontaktstellen in einem einzigen Vorgang aufzudrucken. Diese Leiterbahnen mussten in einem zweiten Erhitzungsprozess eingebrannt werden. Das verteuerte die Fertigung zusätzlich. In der Regel wurden dann mittels Aufbau- und Verbindungstechnik Schaltkreise, Kondensatoren, Widerstände, Sensoren usw. auf dem Substrat befestigt – also ein weiterer Fertigungsschritt, wiederum mit Wärmeeinwirkung verbunden.

Darum wurde überlegt, ob man nicht die elastische Folie, die am Ende eines Zyklus' der Doctor-blade-method vorliegt, bereits im *nicht gebrannten*, elastisch-plastischen Zustand bedruckt und anschließend in einzelne Bauelemente teilt. Das mit Metallen bedruckte Substratmaterial muss aber anschließend durch einen Hochtemperaturprozess in eine Keramik umgewandelt werden. Die o. g. 1600 °C liegen jedoch deutlich über den Schmelztemperaturen der Leiterwerkstoffe. Auch Platin würde die Sintertemperaturen nicht aushalten. Das stellte die Fachleute vor das komplizierte Optimierungsproblem, die Zusammensetzung der Keramik unter Beibehaltung der Forderungen an die elektrischen und thermischen Werte für eine so niedrige Sintertemperatur (low temperature) zu verändern, dass die Metalle nicht schmelzen. Der foliengegossene Substratrohling muss gemeinsam mit den bereits aufgedruckten Metallen dichtgesintert (cofiring) werden.

Mittlerweile existieren verschiedene Zusammensetzungen des Substratwerkstoffs und auch verschiedene technologische Wege. An dieser Stelle wird nur ein Prinzip genannt. Man nutzt zwar eine Keramik-Technologie, aber die Ausgangsmasse besteht aus bereits vorfertigten Keramikpulvern und Glaspulver. Die niedrigen Erweichungstemperaturen des Glases führen zu einer Schmelzphasensinterung (Abschn. 3.4), die ein „cofiring" bereits bei etwa 900 °C erlaubt. Das ist zwar für Aluminiumleiterbahnen immer noch zu hoch, gestattet aber den Einsatz von Kupfer, Silber und Gold. Bei dem entstandenen LTCC-Bauteil handelt es sich um eine Keramik, deren Eigenschaften sich aus denen des Keramikpulvers und des Glaspulvers ergibt. Es müssen in jedem Fall von den Eigenschaften für die „reinen" Keramiksubstrate Abstriche gemacht werden. Die Kosteneinsparung gleicht aber den Nachteil aus.

Der nächste Schritt bestand darin, analog den Schichtkondensatoren auch bedruckte Substrate zu stapeln und zu versintern. Eine Voraussetzung dafür ist, dass nicht nur Leiterbahnen, sondern ganze Bauelemente auf die Substrate in sogenannter Dickschichttechnik gedruckt werden. Durch die Stapelung erreicht man eine größere Kompaktierung bei gleichzeitiger Verkleinerung des benötigten Volumens, was für leistungselektronische Anwendungen größte Bedeutung besitzt.

Es waren und sind noch heute erhebliche Probleme beim „cofiring" zu lösen. Die Folien schwinden während des Brandes achsabhängig. Die ebenfalls durch Siebdruck aufgebrachten Dickschichten mit ferroelektrischen, piezoelektrischen, resistiven und magnetischen Eigenschaften weisen in der Regel einen völlig anderen thermischen Ausdehnungs-

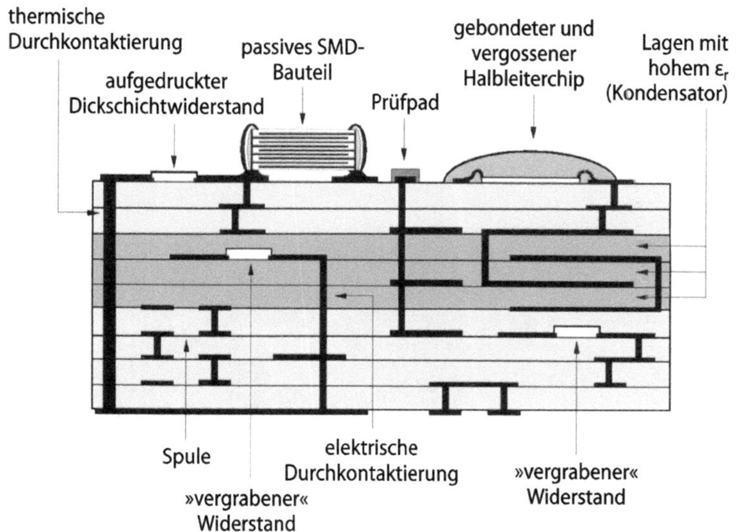

Abb. 5.23 Querschnitt durch ein typisches LTCC-Multilayer-Bauelement (Veröffentlicht mit freundlicher Genehmigung des Vulkan-Verlags, Essen [6, S. 608, Bild 62])

koeffizienten als die Substrate auf. Daraus resultiert die Gefahr, dass beim Brennen Risse entstehen. Weiterhin erfordert die Stapelung Hohlräume für die Durchkontaktierung. Die sogenannten Vias müssen in einem gesonderten technischen Schritt gestanzt werden. Ihre Füllung, um den Kontakt zwischen den verschiedenen Ebenen der Bauelemente zu gewährleisten, erfolgt meist mit Silber. Dessen Ausdehnungskoeffizient und das Schwinden der Keramik müssen in Übereinstimmung gebracht werden. Andernfalls reißt der Kontakt ab, oder das Silberstäbchen hebt die benachbarten Schichten an. Die Aufzählung könnte fortgesetzt werden. Mittlerweile sind LTCC-Bauelemente Stand der Technik. Ein Beispiel wird in Abb. 5.23 gezeigt.

Ebenso beispielhaft wird der technische Ablauf für die Herstellung eines integrierten keramischen Bauelements auf Abb. 5.24 gezeigt.

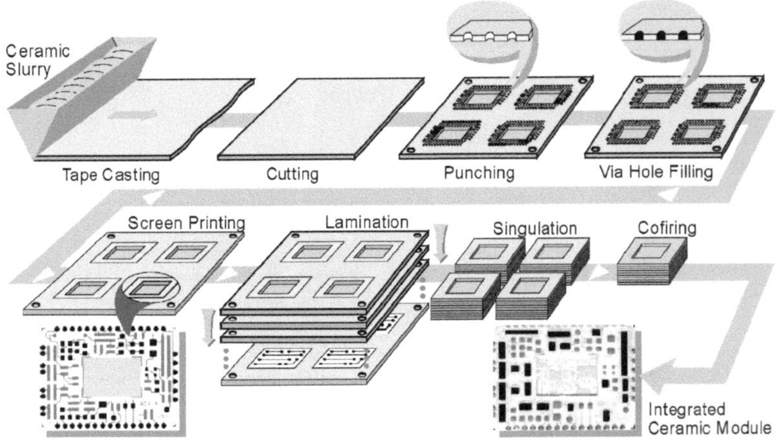

Abb. 5.24 Herstellung einer Hybridschaltung mittels LTCC-Technologie. Darin bedeuten: Tape Casting – Foliengießen; Cutting – Schneiden; Punching – Einbringen der Vias und von Positioniermarken für den Siebdruck durch Stanzen und Drücken; Via Hole Filling – Füllen der Kontaktierlöcher mit Silber; Screen Printing – Siebdruck; Lamination – positionsgenaues Stapeln der Substratschichten und Andrücken; Singulation – Vereinzeln der Bauelemente aus dem Formgebungsverbund; Cofiring – gemeinsames Sintern und Fügen der verschiedenen Keramiklagen (Veröffentlicht mit freundlicher Genehmigung des HvB-Verlags, Ellerau [1, 70. Erg.-Lfg., Abschn. 3.6.1.2, Bild 6])

Es liegt nahe, diese Technik auch zu nutzen, um Brennstoffzellen herzustellen. Durch Folienguss entstehen die ionenleitenden Membranen, auf die die Elektroden beidseitig aufgedruckt werden. Es schließen sich die Stapelung, das Trennen und das gemeinsame Versintern an. Auf die umfangreichen, heute noch bestehenden Probleme der Realisierung in technischem Maßstab kann hier nicht eingegangen werden.

Literatur

1 Kriegesmann, J. (Hrsg.): Technische Keramische Werkstoffe, Lose-Blatt-Sammlung mit Austausch- und Ergänzungslieferungen, HvB-Verlag: Ellerau (laufend)

2 RÖMPP: Online Chemie-Lexikon. Georg Thieme Verlag, Stuttgart (2013)

3   Rösler, H.J.: Lehrbuch der Mineralogie, 4. Aufl. VEB Deutscher Verlag für Grund-
    stoffindustrie, Leipzig (1979)

4   Haase, Th.: Keramik, 2. Aufl. VEB Deutscher Verlag für Grundstoffindustrie,
    Leipzig (1968)

5   Salmang, H., Scholze, H.: Keramik. 7., vollständig neubearbeitete und erweiterte
    Auflage, hrsg. von Reiner Telle. Springer, Berlin, Heidelberg, New York (2007)

6   Kollenberg, W. (Hrsg.): Technische Keramik – Grundlagen, Werkstoffe, Verfah-
    renstechnik, 2. Aufl. Vulkan-Verlag, Essen (2009)

7   Michalowsky, L. (Hrsg.): Neue keramische Werkstoffe. Deutscher Verlag für
    Grundstoffindustrie, Leipzig, Stuttgart (1994)

6.1 Gemeinsamkeiten und Abgrenzung

► **Definition** Bei der Nichtoxid-Keramik handelt es sich um Keramik-Werkstoffe, die nach der Keramiktechnologie herstellt sind, aber keinen Sauerstoff enthalten. Statt dessen befinden sich im Kristallgitter Kohlenstoff, Stickstoff, Bor und auch Silizium. Es herrscht im Unterschied zu Oxid-Keramiken die homöopolare Atombindung vor.

Alle Nichtoxid-Keramiken weisen hohe Schmelztemperaturen auf. Die Diffusionskoeffizienten sind auch bei hohen Temperaturen noch so niedrig, dass eine Festphasensinterung Temperaturen über 2000 °C erfordert. Will man die Sintertemperatur absenken, gibt man der Masse u. a. Sinterhilfsmittel zu. Es findet dann Schmelzphasensinterung statt, die aber zu Einbußen der theoretisch möglichen Eigenschaften führt.

Heute sind Nichtoxid-Keramiken dafür bekannt, dass sie sehr hohe statische und dynamische Festigkeiten (wichtig für den Einsatz in der Luft- und Raumfahrt sowie für Turbinen), eine hohe Abriebbeständigkeit und Härte aufweisen. Das gilt bis zu höchsten Temperaturen. Daraus folgt die Anwendung für heißlaufende Schleifmittel. Eine Ausnahme bildet hier das hexagonale Bornitrid (Abschn. 6.6.1), das aufgrund einer dem Grafit ähnlichen Struktur sogar als Hochtemperatur-Schmiermittel eingesetzt wird.

Die elektrischen Eigenschaften können in sehr breiten Grenzen eingestellt werden. Es existieren hervorragende elektrische Isolatoren ebenso wie halbleitende und sogar auch metallisch leitende Nichtoxid-Kerami-

© Springer-Verlag Berlin Heidelberg 2014

D. Hülsenberg, *Keramik*, Technik im Fokus, DOI 10.1007/978-3-642-53883-4_6

ken. Eine ebenso große Variationsbreite findet sich für den thermischen Ausdehnungskoeffizienten und die Wärmeleitfähigkeit.

Unterschiedlich problematisch ist die Beständigkeit gegen oberflächige Oxidation und Hydratation. Beide Eigenschaften hängen stark von der chemischen Zusammensetzung ab. SiC-Keramik (Abschn. 6.2) kann beispielsweise bis 1600 °C in Luft eingesetzt werden, mit Si_3N_4-Keramik (Abschn. 6.4) sollte man dagegen bei höheren Temperaturen unter Schutzgas arbeiten, damit sich an der Oberfläche keine SiO_2- oder Gelschichten bilden.

Nichtoxid-Keramikpulver oder -fasern eignen sich hervorragend zur Herstellung von Cermets (ein Metall-Keramik-Verbund) und für Verbundwerkstoffe mit Kohlenstoffmatrix.

Wie bei den Oxid-Keramiken, werden einerseits Massenwerkstoffe in größeren Mengen, aber auch Spezialwerkstoffe mit höchsten Anforderungen an die Eigenschaften und deren Toleranzen hergestellt, die dann entsprechend teuer sind. Erst in den letzten 30 Jahren hat man gelernt, spezielle Nichtoxid-Keramikerzeugnisse technologisch sicher zu produzieren. Die Prozesse laufen, wie die Anwendung der Erzeugnisse, unter Schutzgas ab.

In den folgenden Abschnitten können nur einige wenige Nichtoxid-Keramiken vorgestellt werden. Die Auswahl erfolgt relativ willkürlich. Es werden die Nichtoxid-Keramiken auf der Bases der Karbide von Silizium und Bor, der Nitride von Silizium, Aluminium und Bor sowie des Borids von Titan vorgestellt.

6.2 Siliziumkarbid-Keramik

6.2.1 Struktur und Eigenschaften

▶ **Definition** Siliziumkarbid-Keramik besteht aus Silizium Si und Kohlenstoff C im Verhältnis 1:1. Beide Elemente befinden sich in der 4. Spalte des Periodischen Systems der Elemente. Da das Silizium-Atom eine Elektronenschale mehr als das Kohlenstoffatom besitzt, also größer ist, schließen in den Kristallgittern immer 4 Silizium-Atome ein Kohlenstoff-Atom ein. Es bildet sich eine Tetraederkonfiguration. Die Silizium-

Atome stellen die Brücken zwischen den Tetraedern dar. Von der Anordnung der Tetraeder in verschiedenen Schichten hängt es ab, ob kubisches β-SiC kristallisiert oder hexagonales α-SiC.

Unterhalb $\approx 1900\,°\mathrm{C}$ ist die kubische Phase stabil, darüber die hexagonale. Die genaue Umwandlungstemperatur hängt von der umgebenden Atmosphäre ab. Im Acheson-Prozess (Abschn. 2.2.3 und Abb. 3.3) entsteht die hexagonale Phase. Die kubische kann durch chemische oder physikalische Dampfphasenabscheidung (CVD- oder PVD-Prozess) hergestellt werden. Eine Stabilisierung der kubischen Phase erfolgt durch Einbau von Stickstoff in das Kristallgitter.

Obwohl die SiC-Keramiken grünlich, graublau oder schwarz aussehen, was durch den polykristallinen Aufbau der Werkstoffe und unterschiedliche Verunreinigungen der Kristalle hervorgerufen wird, sind hochreine α-SiC-Kristalle farblos und β-SiC-Kristalle gelb. Reines SiC schmilzt nicht, sondern dissoziiert erst bei $2540\,°\mathrm{C}$. Daraus folgt die hervorragende Rolle, die SiC unter den Nichtoxid-Keramiken spielt.

Beispiel

Schon am Ende des 19. Jahrhunderts erkannte man die hohe Feuerfestigkeit von SiC-Keramik. Anwendungsmöglichkeiten im Industrieofenbau bestehen für z. B. Eisenschmelzen in Hochöfen, Aluminiumschmelzen in Schmelzflusselektrolysezellen, aber auch Zink- und Kupferschmelzen. Da der Werkstoff eine hohe Wärmeleitfähigkeit besitzt, muss die Außenwand der Öfen thermisch isoliert werden.

Die Wärmeleitfähigkeit wird stark durch Dotanden beeinflusst, so dass in der Literatur sehr unterschiedliche Werte angegeben werden. Die höchsten Werte in sauberen Einkristallen wurden mit $490\,\mathrm{W}\cdot\mathrm{m}^{-1}\cdot\mathrm{K}^{-1}$, also in der Größenordnung gut leitender Metalle, gemessen. Praktisch ist SiC-Keramik meist dotiert. Das verringert die Wärmeleitfähigkeit. Aus Tabelle 5.2 geht ein Wert von $250\,\mathrm{W}\cdot\mathrm{m}^{-1}\cdot\mathrm{K}^{-1}$ hervor, der immer noch hoch für eine Keramik ist. Die hohe Wärmeleitfähigkeit prädestiniert SiC-Keramik für den Einsatz als Rohre in Hochtemperatur-Wärmetauschern, die bei 900–$1000\,°\mathrm{C}$ betrieben werden können.

SiC-Keramik besitzt einen thermischen Ausdehnungskoeffizienten, der nur wenig höher als der von Si-Halbleiterbauelementen liegt. Diese können dadurch sehr gut spannungsarm auf SiC-Substrate gebondet werden.

Beispiel

Dadurch, dass die einzelnen SiC-Körner mit einer ganz dünnen SiO_2-Schicht umgeben und dadurch stabilisiert sind, werden sie auch in Müllverbrennungs- und in Säurebeizanlagen eingesetzt.

Weitere bemerkenswerte Eigenschaften des SiC sind seine Abriebfestigkeit und Härte. Sie liegt auf der Mohs'schen Härteskala bei 9,5. Dadurch eignet sich SiC sowohl in loser Körnung als auch in gebundener Form hervorragend als Schleif- und Schneidmittel. Hochgeschwindigkeitsfräser bis $150.000\,s^{-1}$ werden aus SiC gefertigt. Diesen Anwendungsfall begünstigt nicht nur die hohe Abriebfestigkeit, sondern auch die gute Wärmeleitfähigkeit. Hochreine SiC-Körnung kommt als Besatz von Drahtsägen zum Schneiden von Photovoltaik-Bauelementen zur Anwendung. SiC-Keramik dient aber auch der Auskleidung von Kugelmühlen und als Mahlkörper. Sollen korrosive und gleichzeitig abrasive Flüssigkeiten transportiert werden, dient SiC-Keramik beispielsweise auch zur Herstellung sogenannter vollkeramischer Zahnradpumpen. Hohe Abriebfestigkeit bei über 1000 °C wird für den Einsatz als profilierte Walzen für das Verziehen von Edelstahldraht gefordert.

Auf die ausgezeichnete Hochtemperatur-Festigkeit von nach verschiedenen Verfahren hergestellten SiC-Keramiken wird im folgenden Abschn. 6.2.2 eingegangen.

Wenn das SiC-Material hoch rein ist, verhält es sich wie ein elektrischer Isolator. Das wird für Anwendungsfälle als Bauteile in Beschichtungsöfen der Halbleiterindustrie und als Trägermaterial in Diffusionsöfen für Siliziumbauelemente genutzt. Der spezifische elektrische Widerstand liegt dann in der Größenordnung von $10^{12}\,\Omega \cdot cm$.

Siliziumkarbid-Keramik als Massenwerkstoff enthält aber meist Verunreinigungen. Dadurch verwundert es nicht, dass man schon sehr frühzeitig feststellte, dass Siliziumkarbid-Keramik einen mit *steigender* Temperatur *fallenden* spezifischen elektrischen Widerstand besitzt. Dieser Sachverhalt kann mehrere Ursachen besitzen. Den fallenden Widerstand kann man einerseits über Dotierungen erreichen. Da sowohl das Silizium- als auch das Kohlenstoffatom auf der äußeren Elektronenschale 4 Elektronen aufweisen, entsteht bei Besetzung einzelner Gitterplätze mit Al-Atomen, deren äußere Elektronenschale nur mit 3 Elektronen besetzt ist, p-Leitung. Der Effekt entspricht dem der Dotierung von Silizium mit Bor in p-leitenden Si-Halbleiter-Bauelementen (Elektronenmangel bzw. -löcher). Werden dagegen N-Atome mit 5 Elektronen auf der äußeren Schale eingebaut, entsteht n-Leitung (Elektronenüberschuss). Andererseits kann die temperaturabhängige elektrische Leitfähigkeit auch dann erreicht werden, wenn zur Erzeugung eines dichten Werkstoffs die SiC-Körner in eine Si-Matrix eingebunden werden. Der Werkstoff ist als das Cermet SiSiC bekannt (Abschn. 6.2.2).

Beispiel

Siliziumkarbid-Keramik ist wegen dieser Eigenschaften der ideale Werkstoff für elektrische Heizleiter, die bereits zu Beginn des 20. Jahrhunderts neben Grafitheizleitern die Grundlage für industrielle Elektroöfen bildeten. Noch heute werden Silitstäbe® (Abb. 6.1) vor allem in Laboröfen eingesetzt. Ein anderes Anwendungsfeld der Silitstäbe befindet sich z. B. in Speisern. Das sind die Verbindungskanäle zwischen Glasschmelzwannen und Glasformgebungsmaschinen, die in Abhängigkeit von den lokalen Gegebenheiten beheizt werden müssen.

Dünne Schichten aus SiC, die auf Glassubstraten abgeschieden werden, können in Abhängigkeit von der Kristallgröße und der Schichtdicke optisch transparent sein und auch zu Lumineszenzstrahlung angeregt werden. Sie finden als Leuchtstoffe und in LED's Anwendung.

Sehr häufig enthält SiC-Keramik einen erheblichen (bis 25 %) Anteil an Si_3N_4. Man spricht in diesem Fall von einer Mischkeramik. Der Stickstoff beeinflusst nicht nur die Eigenschaften, sondern erleichtert auch die Sinterung. Die Sintertemperatur lässt sich um 500 K absenken. Das verbilligt die Herstellung erheblich, wirkt sich aber auch auf die Eigenschaften aus. Die Erzeugnisse weisen häufig eine merkliche Porosität auf. Sie verringert die mechanische Festigkeit, verbessert aber die Temperaturwechselbeständigkeit.

Abb. 6.1 Heizstäbe aus Siliziumkarbidkeramik, eingebaut als Boden- und Decken-
heizung in einen EREMA Herdwagenofen. Die gewünschte hohe Temperatur wird im
verdünnten Teil der Stäbe erzeugt. Den verdickten Teil führt man durch das Mauer-
werk. Er bleibt wegen des querschnittsbedingt geringeren elektrischen Widerstandes
kalt (Veröffentlichung mit freundlicher Genehmigung der CERApro Hochtemperaturtechnik GmbH, Kalchreuth)

6.2.2 Herstellung

Für SiC-Massenprodukte kommen vor allem Rohstoffe zur Anwendung,
die auch noch heute nach dem Acheson-Verfahren (nochmals Abb. 3.3)
hergestellt werden. Das Material wird auf unter 100 μm zerkleinert. Die
Zugabe organischer Bindemittel und anderer organischer Additive erfolgt in Abhängigkeit vom Formgebungsverfahren z. B. durch Pressen,
Strangziehen und Schlickergießen. Die Additive werden vor dem Sintern
durch Debindern (Abschn. 3.3.3) aus dem Rohling entfernt.
  Der niedrige Diffusionskoeffizient sowohl von Si als auch von C selbst
bei sehr hohen Temperaturen erfordert ganz spezielle Verfahren für das

Sintern. Würden keine besonderen Maßnahmen ergriffen, sind die Diffusionskoeffizienten erst bei etwa 2400 °C so hoch, dass eine dichte Keramik entstehen würde. Das kann man nicht bezahlen.

Häufig lässt sich das Problem nur durch Schmelzphasensinterung lösen. Dafür wird der Rohstoffmischung 0,3 bis 2,0 % Aluminium oder Bor zugegeben. Die Schmelzphase bildet sich unter Ausnutzung der dünnen SiO_2-Schicht auf den Rohstoffkörnchen. Es entsteht entweder Al_2O_3, das bei 1550 °C mit dem verbliebenen SiO_2 eine eutektische Schmelze bildet, oder B_2O_3, das bei noch tieferen Temperaturen reagiert. Die Schmelzphase umfließt die Körner, zieht sie durch ihre Oberflächenspannung aneinander und verdichtet dadurch den Scherben. Der Werkstoff wird unter der Bezeichnung SSiC gehandelt. Natürlich verschlechtert die Zugabe der Sinterhilfsmittel die Hochtemperatureigenschaften.

Die besten Eigenschaften erhält man nach dem teuersten Verfahren, dem heißisostatischen Pressen (Abschn. 3.3.3). Es sind trotzdem noch Temperaturen um 2000 °C und Drücke zwischen 200–300 MPa erforderlich, um dichte Keramiken zu erzeugen. Der Handelsname ist HIPSiC.

Ein anderes Verfahren nutzt bei hohen Temperaturen ablaufende chemische Reaktionen. Es wird von reaktionsgebundener Sinterung gesprochen: RBSiC.

Interessant ist ein Verfahren, das mit schmelzendem Si arbeitet. Die Rohstoffmischung besteht aus Siliziumkarbid und Kohlenstoff. Entweder wird ein Rohling hergestellt, dem auch elementares Si zugemischt ist, das partiell mit dem Grafit zu SiC reagiert, oder man stellt zunächst einen porösen Körper her, der dann mit geschmolzenem Si bei etwa 1500 °C infiltriert wird. Auch hier reagiert das geschmolzene Silizium mit dem Grafit. Der Handelsname des Erzeugnisses ist SiSiC. Die Mischung erfolgt in diesem Fall stets so, dass Silizium im Überschuss vorliegt.

Darüber hinaus existiert eine Vielzahl weiterer Verfahren zur Herstellung von SiC-Keramik.

Unter Anwendung von speziellen Plastifikatoren und Bindern kann man auch SiC-Fasern durch Düsenziehen herstellen. Die Anwendung erfolgt vor allem für die Verstärkung von Kompositwerkstoffen, deren Matrix aus Kohlenstoff besteht. Es handelt sich um äußerst anspruchsvolle Anwendungen in Bremsscheiben, Rotorblättern für Hubschrauber, Passagierkabinen in Flugzeugen und Turbinenschaufeln. Die Herstellung ist so kompliziert und teuer, dass man die Flügel von Windrädern noch immer aus glasfaserverstärkten Kunststoffen anfertigt.

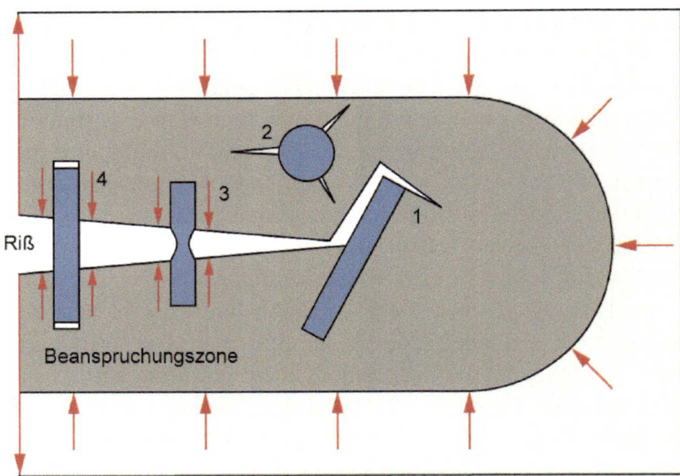

Abb. 6.2 Mechanismus zur Steigerung der Bruchzähigkeit in Kompositen. 1) Rissablenkung, 2) Bildung von Mikrorissen, 3) Rissüberbrückung bei gleichzeitiger Fixierung der Fasern in der Matrix, 4) Herausziehen (pull out) der Fasern bei gleichzeitiger Überbrückung der Risse (Veröffentlichung mit freundlicher Genehmigung des Thieme Verlags, Stuttgart [1, Stichwort Siliciumcarbid-Keramik, Abbildung 2])

Die Siliziumkarbid-Fasern erhöhen in den Kompositen sowohl die mechanische Festigkeit als auch die Zähigkeit. Der Verstärkungsvorgang kann grundsätzlich in viererlei Weise erfolgen, wie es aus Abb. 6.2 hervorgeht.

Es liegt auf der Hand, dass Keramik-Werkstoffe auf SiC-Basis einer ständigen strukturellen und verfahrenstechnischen Entwicklung unterliegen.

6.3 Borkarbid-Keramik

6.3.1 Eigenschaften

▶ **Definition** Borkarbid-Keramik enthält Kristalle, die auf einer Verbindung von Bor mit Kohlenstoff beruhen. Der relativ komplizierte rhomboedrische Kristallaufbau, in dem Bor-Atome vorherrschen, führt dazu, dass das entstehende Karbid sehr unterschiedliche Anteile an Bor-Atomen in das Kristallgitter einlagern kann. Das Karbid ist ein Mischkristall, dessen Zusammensetzung zwischen $B_{4,3}C$ bis $B_{10,3}C$ variiert. Handelsüblich spricht man von B_4C. Zwischen den Atomen herrscht eine homöopolare Bindung vor.

Borkarbid ist eine tiefschwarze Keramik. Sie gehört in die Gruppe der keramischen Hartstoffe. Nach dem Diamanten und dem kubischen Bornitrid (Abschn. 6.6.2) ist sie bei Raumtemperatur das dritthärteste bekannte Material. Besonders hervorzuheben ist, dass diese Härte bis zu höchsten Temperaturen erhalten bleibt. Der Werkstoff schmilzt erst bei 2450 °C. Oberhalb etwa 1000 °C übertrifft die Härte sogar die von Diamant und kubischem Bornitrid. Abbildung 6.3 zeigt die Abhängigkeit der Härte von der Temperatur.

Die Festigkeit von Borkarbid-Keramik liegt in der Größenordnung derer von Siliziumkarbid-Keramik, die Härte nach Knoop dagegen deutlich darüber. Durch Zumischung von 40 % TiB_2 (Abschn. 6.7, es handelt sich in diesem Fall um eine Mischkeramik) kann man die Bruchzähigkeit verdreifachen. Für die hervorragenden mechanischen Eigenschaften von Borcarbid-Keramik sind extrem kleine Kristalle und ein sehr homogenes Gefüge verantwortlich (Abb. 6.4).

Borkarbid-Keramik gehört zu den halbleitenden Werkstoffen. Der spezifische elektrische Widerstand liegt zwischen 0,1 bis 10 $\Omega \cdot$ cm. Die Leitfähigkeit steigt mit der Temperatur und hängt von den Dotierungen ab.

Der hohe Anteil an Boratomen mit natürlicher Isotopenverteilung führt dazu, dass sich Borkarbid-Keramik sehr gut zur Neutronenabsorption eignet. B_4C-Keramik wird auch wegen dieser Eigenschaft genutzt.

6.3.2 Herstellung und weitere Anwendungen

Die Herstellung des B_4C-Pulvers erfolgt einerseits carbothermisch. Das Ausgangsmaterial ist B_2O_3, das durch Grafit zu B_4C reduziert wird. Gleichzeitig entsteht CO. Das Verfahren ähnelt damit der Herstellung von SiC nach dem Achesonverfahren (Abb. 3.3), das als Ausgangs-

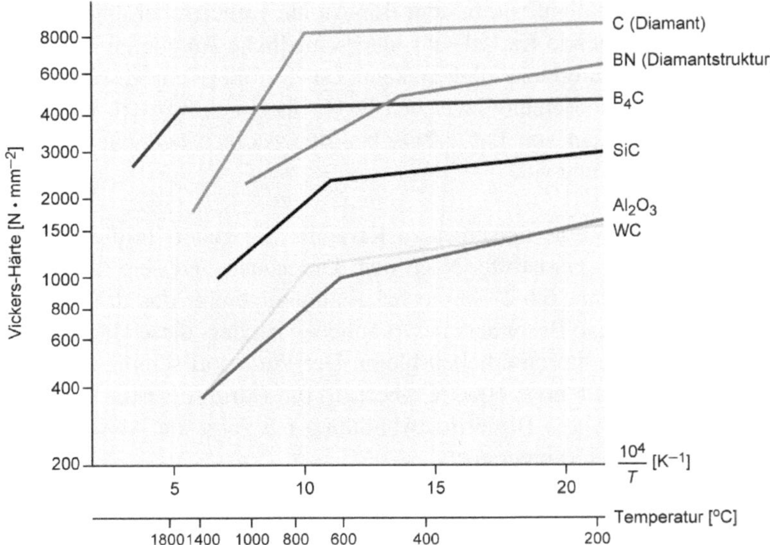

Abb. 6.3 Härte, gemessen mit dem Verfahren nach Vickers, verschiedener Hartstoffe in Abhängigkeit von der Temperatur (Veröffentlicht mit freundlicher Genehmigung des Thieme Verlags, Stuttgart [1, Stichwort Borcarbid-Keramik])

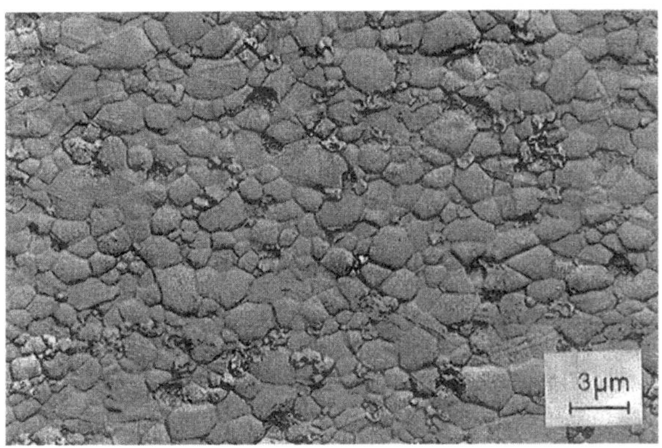

Abb. 6.4 Gefüge einer durch heißisostatisches Pressen nachverdichteten B₄C-Keramik mit 4 % freiem Kohlenstoff (Veröffentlicht mit freundlicher Genehmigung des HvB-Verlags, Ellerau [2, 42. Erg.-Lfg., Abschn. 4.3.3.0, Bild 5])

material SiO_2 nutzt. Auch im Falle des Borkarbids entstehen zunächst große Blöcke des Reaktionsproduktes, die zur Erzeugung des extrem feinen Pulvers eine Vielzahl von Zerkleinerungsstufen durchlaufen müssen. Andererseits kann aber auch die Abscheidung aus der Gasphase, insbesondere für Schichten, erfolgen.

Da die Diffusionskoeffizienten von Bor und Kohlenstoff in dem homöopolar gebundenen Material sehr gering sind, bestand die erste Möglichkeit zur Erzeugung dichter Keramiken in der gleichzeitigen Wirkung von Druck und Temperatur durch Heißpressen. Erste kompakte, dichte Erzeugnisse kamen vor etwa 40 Jahren auf den Markt. Als Formenmaterial wurde Grafit verwendet. Er gestattet zwar die Leitung des elektrischen Stromes, so dass die Formen direkt auf die notwendige Temperatur von 2000 °C aufgeheizt werden können. Jedoch lassen sich nur relativ geringe Drücke anwenden. Das Sintern muss sowohl wegen des Grafits als auch des Borkarbids in reduzierender Atmosphäre erfolgen.

Erst später stellte man fest, dass sich durch einen Überschuss an Bor die Sintertemperatur absenken lässt und gleichzeitig die Festigkeit der Erzeugnisse steigt. Grafit genügte nicht mehr als Formenmaterial. Auch heute noch müssen Formen aus teurem, hexagonalem Bornitrid (Abschn. 6.6.1) verwendet werden. Neben dem Überschuss an Bor kamen weitere Dotanden zur Anwendung, auch freier Kohlenstoff. Eine weitere deutliche Verbesserung der Eigenschaften bei gleichzeitiger Absenkung der Sintertemperatur gelang durch die Anwendung extrem feinkörniger Ausgangspulver. Die Struktur nach dem Sintern wurde bereits in Abb. 6.4 gezeigt.

Sollen komplizierte Formkörper aus B_4C produziert werden, bietet sich das Spritzgießen (Abschn. 3.3.1) an. Die vorgeformten Rohlinge können dann heißisostatisch nachgepresst und dabei endgültig verdichtet werden. Um sich der theoretischen Dichte so weit wie möglich zu nähern, werden Drücke von 10 MPa bei Temperaturen um 2000 °C angewendet.

Durch das genannte Verfahren ist es auch möglich, die zuvor genannte Mischkeramik auf der Basis von B_4C und TiB_2 herzustellen. Analoges wird mit SiC und Grafit praktiziert.

Wegen der sehr hohen Härte werden sowohl loses Korn als auch das feine Pulver für das Schleifen und Läppen von sehr harten Werkstoffen eingesetzt. Hier ist die Bearbeitung von Schleifscheiben mit einer geringeren Härte als die von B_4C zu nennen, z. B. Korund-Schleifscheiben (Abschn. 5.2.2). Aufgrund seiner hohen Härte und des geringen Verschleißes durch Reibung bietet sich der Einsatz von Borkarbid-Keramik überall dort an, wo Abrasion auftritt, z. B. in Sandstrahldüsen. Wenn die Borkarbid-Keramik nur Bor und Kohlenstoff und beides in gebundener Form enthält, werden daraus auch Mahlanlagen sowohl für Labore als auch für Nichtoxid-Keramik-Pulver hergestellt.

Etwas spektakulärer sind die folgenden Anwendungen, z. B. als Panzerplatten zum Schutz vor Durchschüssen. In der Kerntechnik wird B_4C-Keramik als Kontroll- und Abschirmmaterial eingesetzt. Aufgrund seiner elektrisch halbleitenden Eigenschaften kann man aus Borkarbid- und Grafitschenkeln auch Thermoelemente fertigen, die bis 2200 °C funktionieren. Die Schenkel sind in Teleskoptechnik ineinander gesteckt und werden durch Ringe aus hexagonalem Bornitrid (Abschn. 6.6.1) gegeneinander isoliert.

Ausführlich wird in [2, 42. Erg.-Lfg., Abschn. 4.3.3.0] zu Borkarbid-Keramik berichtet.

6.4 Siliziumnitrid-Keramik

6.4.1 Besonderheiten

▶ **Definition** Die chemische Zusammensetzung lautet Si_3N_4. Aufgrund sehr niedriger Diffusionskoeffizienten von Silizium und Stickstoff auch bei hohen Temperaturen konnte man die Keramik zunächst nur über die Schmelzphasensinterung (Abschn. 3.4) herstellen. Heute erlauben spezielle Maßnahmen bezüglich des Körnungsbandes der Rohstoffe eine Dichtsinterung (Festphasensinterung) durch Gasphasensinterung und das Heißpressen bzw. das heißisostatische Pressen (Abschn. 3.3.3). Es muss der Rohstoffmischung nur noch unter 1 % Sinterhilfsmittel zugegeben werden. Die erreichte Dichte sowie die Zusammensetzung und Menge der Sinterhilfsmittel führt zu einer breiten Variation der Herstellungsverfahren und erzielbaren Werkstoffeigenschaften. Im Mittelpunkt für die Anwendung stehen die hohe Festigkeit, eine gute Bruchzähigkeit, die niedrige Wärmedehnung und eine hohe Wärmeleitfähigkeit bei gleichzeitig hohem spezifischem elektrischem Widerstand.

Die chemische Formel legt eine Verbindung aus 4fach positiven Siliziumkationen und 3fach negativen Stickstoffanionen nahe und damit heteropolare Bindung. Tatsächlich überwiegt aber deutlich die homöopolare Bindung. Wieder ist ein Tetraeder der Grundbaustein. Analog dem SiO_2 befindet sich das Silizium im Zentrum des Tetraeders und ist in diesem Fall von 4 Stickstoffatomen umgeben. Die Stickstoffatome bilden die Brücken zwischen den Tetraedern. Die Besonderheit besteht darin, dass sie Brücken zu *drei* weiteren Tetraedern bilden. Das deutet wieder auf eine zumindest anteilige dreifach negative Ladung. Die Bindung an drei Tetraeder bewirkt eine bessere räumliche Vernetzung der Tetraeder als bei Silikat-Keramiken (Kap. 4). Dadurch wird die Gesamtstruktur extrem stabil und bleibt es auch bis zu hohen Temperaturen.

Für das reine Si_3N_4 unterscheidet man eine α- und eine β-Modifikation. Beide kristallisieren hexagonal. Aus der unterschiedlichen Drehung der Tetraeder zueinander folgen verschiedene Eigenschaften.

Im Unterschied zu anderen Nichtoxid-Keramiken nutzt man für diese spezielle Keramik häufig die Gasphasensinterung, um einen dichten Werkstoff zu erhalten. Man macht aus der Not eine Tugend und nutzt die erhöhte Verdampfungsneigung der Kristalle ab etwa 1900 °C. Voraussetzung für das Verfahren ist eine bimodale Korngrößenverteilung der Rohstoffe. Kleine Körnchen von etwa 100 nm Größe verdampfen bei dieser Temperatur völlig. Beim Abkühlen des Materials kondensieren sie an der Oberfläche der deutlich größeren (etwa 100 µm) Kristalle. Denen macht die Verdampfung einer Oberflächenschicht in nm-Größenordnung nichts aus. Die kondensierte Phase kristallisiert zu β-Si_3N_4, das die Bindung zwischen den großen Körnern bewirkt.

Siliziumnitrid-Keramiken werden in der Regel in Stickstoffatmosphäre gesintert. Das wirkt der schon bei 1900 °C deutlich spürbarer Dissoziation der Verbindung entgegen. Ohne besondere Auslagerung weisen die zur Herstellung benutzten Si_3N_4-Körnchen eine dünne SiO_2-Schicht auf, die das Dichtsintern unterstützt. Man kann das Sintern aber auch so gestalten, dass der Sauerstoff durch Diffusionsvorgänge auf Gitterplätze des Stickstoffs gelangt. Es entstehen Oxinitride. Die größte praktische Bedeutung haben SiAlONe erlangt, in deren Kristallgitter auch Aluminium zu finden ist. Siliziumnitrid-Keramik ist der einzige stabile Keramik-Werkstoff, in dem sich gleichzeitig Sauerstoff- und Nichtsauerstoffanionen im Kristallgitter befinden können.

Si_3N_4 bildet mit SiC und mit AlN (Abschn. 6.5) Mischkristalle, was
zu weiteren Keramiken mit sehr unterschiedlichen Eigenschaften führt.

6.4.2 Eigenschaften

Es gibt poröse Erzeugnisse genauso wie dichte. Man kann die Siliziumnitrid-Keramik relativ grobkristallin, aber auch extrem feinkristallin

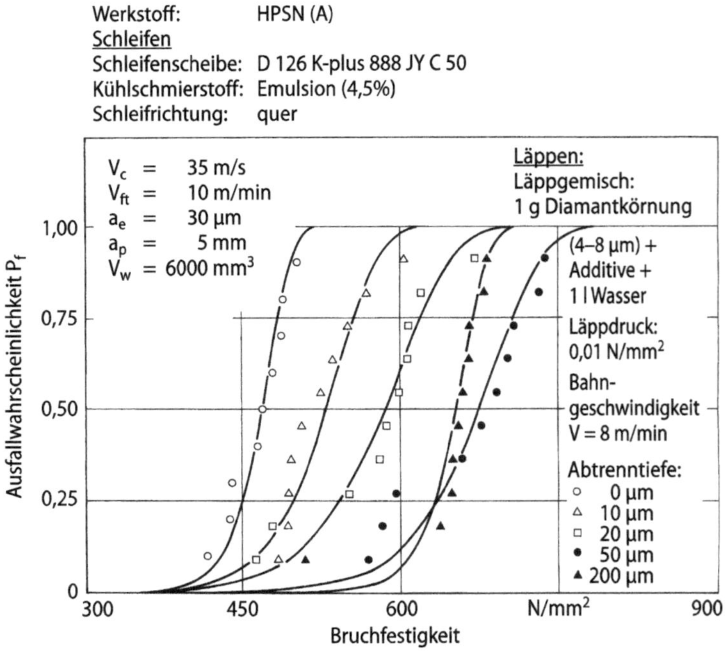

Abb. 6.5 Ausfallwahrscheinlichkeit unterschiedlich lange geläppter Probekörper aus
HPSN-Keramik. HPSN bedeutet „heißgepresstes Si_3N_4". Da Oberflächen generell
unterschiedlich tief geschädigt sind, kann man durch unterschiedlich langes Läppen
die geschädigte Schicht mehr oder weniger gut entfernen. Dadurch werden Risse, die
den Ausgangspunkt für das Versagen darstellen, beseitigt, siehe auch Abb. 4.3 (Veröffentlichung mit freundlicher Genehmigung des Carl Hanser Verlags, München, Wien
[3, Bild 5-126])

herstellen. Die chemische Zusammensetzung variiert in den bereits genannten breiten Grenzen. Der Anwender muss sich also vor der Werkstoffauswahl die Werkstoffkennblätter genau ansehen.

Hervorzuheben ist der niedrige thermische Ausdehnungskoeffizient um $3 \cdot 10^{-6} \cdot K^{-1}$, der etwa dem von Silizium entspricht. Bei gleichzeitig für eine Keramik hoher Wärmeleitfähigkeit um $30\,W \cdot m^{-1} \cdot K^{-1}$ und – trotz aller Dotierungen – hohem spezifischem elektrischem Widerstand von etwa $1 \cdot 10^{13}\,\Omega \cdot cm$ eignet sich Si_3N_4-Keramik hervorragend als elektrisches Hochtemperatur-Isolationsmaterial. Enthalten die α- und β-Modifikationen eine spürbare Menge an Sauerstoff, aber kein Aluminium, dann steigt die Wärmeleitfähigkeit sogar auf über $100\,W \cdot m^{-1} \cdot K^{-1}$. Der geringe thermische Ausdehnungskoeffizient und die gleichzeitig hohe mechanische Festigkeit auch bei hohen Temperaturen (Genaueres weiter unten) bewirken eine sehr gute Temperaturwechselbeständigkeit.

Die gute Korrosionsbeständigkeit erklärt sich aus einer dünnen, oxidierten Schicht an der Erzeugnisoberfläche. Der Mechanismus der Bildung dieser Schichten ist sehr komplex und hängt sowohl von der speziellen chemischen Zusammensetzung als auch der Sinteratmosphäre ab. Die relativ geringe Beständigkeit gegen Flusssäure erklärt sich aus der Anwesenheit dieses SiO_2.

Man stellt eine erhebliche Abhängigkeit der mechanischen Festigkeit nicht nur von der Zusammensetzung und den Herstellungsverfahren, sondern auch von der mechanischen Nachbearbeitung der Probekörper fest. Abbildung 6.5 zeigt, dass man durch Läppen und damit Entfernen von geschädigter Oberfläche die Biegebruchfestigkeit etwa verdoppeln kann.

Die mechanische Festigkeit von heißgepresstem Si_3N_4 bei $1400\,°C$ in inerter Atmosphäre beträgt $600\,MPa$. Das stellt eine extrem hohe Warmfestigkeit dar und übertrifft oberhalb $1100\,°C$ warmfeste metallische Superlegierungen (Abb. 6.6).

Auch die Bruchzähigkeit erreicht für eine Keramik sehr hohe Werte und unterscheidet sich nicht von der einer Mischkeramik aus $60\,\%$ B_4C und $40\,\%$ TiB_2 (Abschn. 6.3.1).

Die sehr hohen Festigkeiten und Bruchzähigkeiten erklären sich aus dem Kristallgefüge der verschiedenen Si_3N_4-Keramiken. Das hexagonale Kristallgitter erleichtert die Bildung von geometrisch anisotropen flächigen oder auch stengeligen Kristallen. Sind diese auch noch größer als das umgebende, sehr feinkristalline Material, kann man sich die

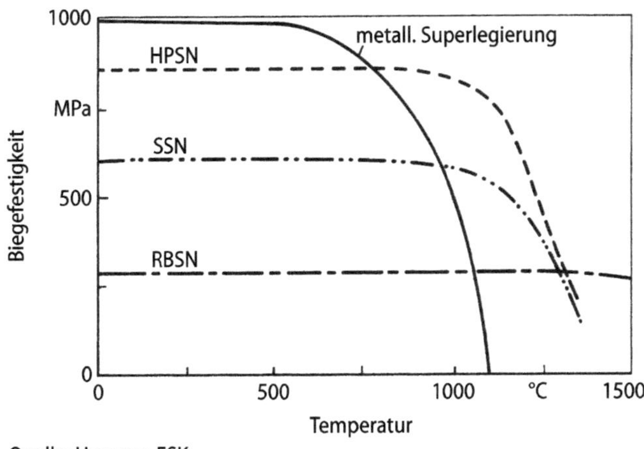

Abb. 6.6 4-Punkt-Biegebruchfestigkeit verschiedener Siliziumnitrid-Keramiken in Abhängigkeit von der Temperatur im Vergleich zu einer Superlegierung. Die Symbole stehen für verschiedene Herstellungsvarianten: HPSN für heißgepresstes Si_3N_4; SSN für drucklos gesintertes Si_3N_4, das in größerem Umfang Sinterhilfsmittel enthält; RBSN für reaktionsgebundenes Si_3N_4 (Veröffentlichung mit freundlicher Genehmigung des Carl Hanser Verlags, München und Wien [3, Bild 2-27])

anisotropen Kristalle wie verstärkende Platelets oder Whisker in einer Matrix vorstellen. Der Verstärkungsmechanismus erklärt sich dann analog Abb. 6.2. Ein solches Gefüge zeigt Abb. 6.7.

Die mechanische Festigkeit wird nach oben durch die Menge und die Zusammensetzung der erweichenden Glasphase, die durch Zugabe von Sinterhilfsmitteln entstanden ist, begrenzt.

6.4.3 Anwendungen

Da die Herstellung von Siliziumnitrid-Keramik nach wie vor aufwendig ist, muss man sich auf hohe Preise einstellen, die aber durch entsprechende Eigenschaften der Werkstoffe gerechtfertigt sind. Meist weisen die Erzeugnisse eine ausgefallene, für Keramikprodukte sonst nicht übliche Geometrie auf, die in der Regel nicht während der Urformung durch

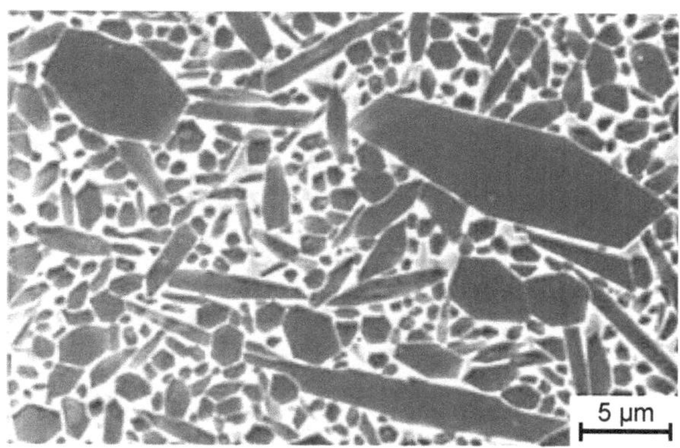

Abb. 6.7 REM-Aufnahme eines plasmageätzten Si_3N_4-Gefüges, hergestellt aus einem α-Phasenreichen Ausgangspulver [4, Bild 539, links]

Schlickergießen oder die verschiedenen Varianten der Presstechnik hergestellt werden. Vielmehr erzeugt man zunächst Rohlinge mit relativ einfachen Geometrien, die im noch nicht gebrannten Zustand mechanisch auf Werkzeugmaschinen endkonturnah bearbeitet werden. Da die Erzeugnisse im Brand schwinden (Abschn. 3.4) folgt, um enge geometrische Toleranzen zu garantieren, eine Endbearbeitung im gebrannten, hochfesten Zustand. Das ist meist der teuerste Prozessschritt.

Eine sehr anspruchsvolle Anwendung besteht in Kamera-Gehäusen und dazugehörigen Präzisionsgeräte-Trägerplattformen für die Luft- und Raumfahrt. Bisher genügt nur Si_3N_4-Keramik den Forderungen. Durch die hohen Beschleunigungskräfte beim Starten und Bremskräfte beim Landen der Flugkörper wird hier die hohe Steifigkeit der Erzeugnisse genutzt. Weiterhin spielen die hohe mechanische Dauerstandsfestigkeit, die sehr geringe Ermüdung, die hohe Temperaturwechselbeständigkeit und die gute Wärmeleitfähigkeit bei gleichzeitig geringem Gewicht eine wichtige Rolle.

Die Frequenzstabilität der mechanischen Eigenschaften zahlt sich vor allem bei Werkzeugen für die Hochgeschwindigkeitsbearbeitung und für Hochfrequenz-Prüfanlagen, z. B. für Lebensdauerprüfungen mit schnellen Lastwechseln, aus. Die selbstverständliche Forderung, dass das Werkzeug oder die Prüfanlage ermüdungsarmer als das zu bearbeitende

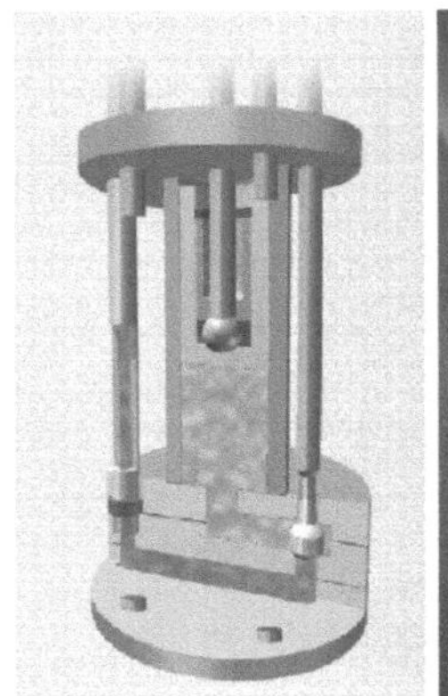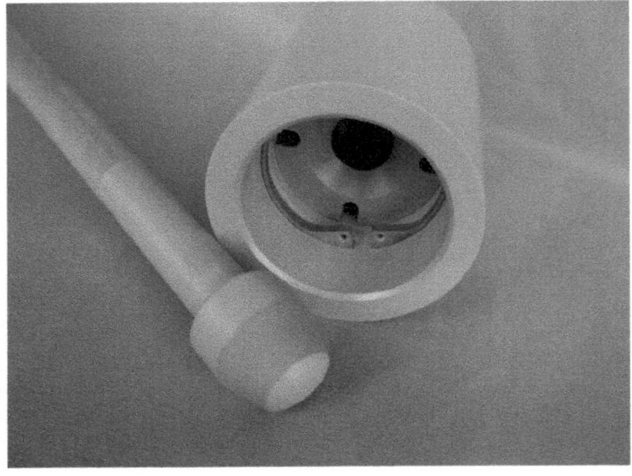

Abb. 6.8 Si_3N_4-Keramikbauteile für eine Flüssigmetallpumpe (Veröffentlichung mit freundlicher Genehmigung des HvB-Verlags, Ellerau [2, 90. Erg.-Lfg., Abschn. 3.1.0.2, Bild 5])

bzw. zu prüfende Erzeugnis sein muss, lässt sich unter Hochfrequenzbedingungen nur sehr schwer realisieren. Siliziumnitrid-Keramik kann hier eine Lücke füllen.

Aber auch die mechanische Stabilität bei hohen Temperaturen, gekoppelt mit hervorragender Korrosionsbeständigkeit, spielt bei der Anwendung eine wichtige Rolle. In der Aluminium-Gießtechnik sind das in die Schmelze eintauchende Thermoelementschutzrohre und Tauchheizelemente, aber auch Auskleidungsmaterialien und Gießdüsen. Für den Präzisionsguss werden Flüssigmetallpumpen auf der Basis von Siliziumnitrid-Keramik eingesetzt. Abbildung 6.8 zeigt Keramikbauteile für eine Metallschmelzepumpe.

Weitere Anwendungsmöglichkeiten bestehen als Verschleißteile in Walzwerken, wie Umlenkrollen, Einführungsrollen und -ösen sowie Draht- und Bandführungselemente.

Durch Polieren lässt sich eine Oberfläche mit Rauigkeiten im nm-Bereich erzeugen. Das führt zur Anwendung von Siliziumnitrid-Keramik als Kugeln in Kugellagern und für Gleitringdichtungen. Die Lager bleiben auch bei hohen Temperaturen funktionsfähig.

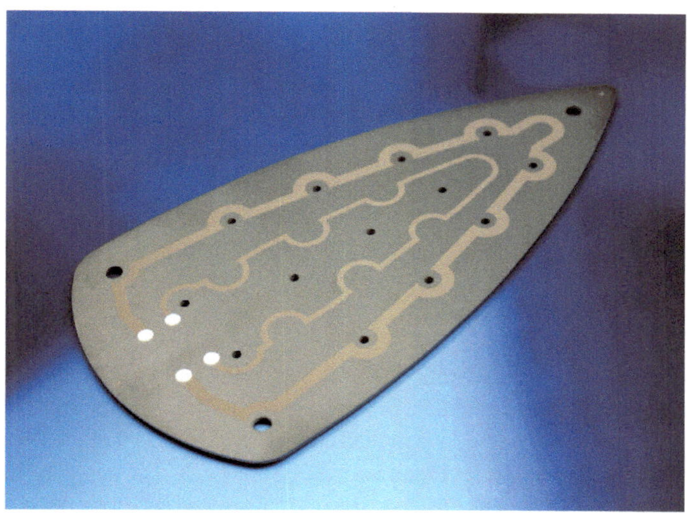

Abb. 6.9 Laufsohle aus Si_3N_4-Keramik für ein Bügeleisen (Veröffentlicht mit
freundlicher Genehmigung des Thieme Verlags, Stuttgart [1, Stichwort Siliciumni-
trid-Keramik])

Ein umfangreiches Anwendungsfeld ergibt sich in der Hochtemperaturtechnik. Für vollkeramische Gasturbinen ist besonders die hohe Festigkeit, Kriechbeständigkeit und Korrosionsfestigkeit bei hohen Temperaturen von Bedeutung. Bei der Umformung von Glaserzeugnissen durch
Heißpressen und Heißprägen sind mikrostrukturierte Werkzeuge auf der
Basis von Si_3N_4 geeignet.

Ein völlig anderer Anwendungsfall ergibt sich aus der Möglichkeit,
hochebene, planare Flächen aus Siliziumnitrid-Keramik herzustellen. So
lassen sich Laufsohlen für Bügeleisen erzeugen, die durch Dickschichttechnik mit elektrischen Heizleiterbahnen beschichtet werden (Abb. 6.9).

Sehr ausführlich werden die Anwendungen in [2, 90. Erg.-Lfg., Abschn. 3.1.0.2] beschrieben.

6.5 Aluminiumnitrid-Keramik

▶ **Definition** Das feinkeramische Material besteht aus hexagonalen AlN-Kristallen. Die Bindung zwischen den Aluminium- und Stickstoffatomen ist nahezu ausschließlich homöopolar, was zu geringer Diffusionsfähigkeit auch noch bei Temperaturen um 2000 °C führt. Damit ordnet sich Aluminiumnitrid-Keramik in die Reihe der anderen Nichtoxid-Keramiken ein, die erst durch Zugabe von Sinterhilfsmitteln, durch sehr hohe Drücke oder aufgrund extrem feiner Pulverteilchen dichtgesintert werden können.

Aluminiumnitrid-Keramik befindet sich erst seit etwa 25 Jahren auf dem Markt. Sie zeichnet sich, in Abhängigkeit von Dotanden, durch eine außerordentlich hohe Wärmeleitfähigkeit (Tab. 5.2) bei gleichzeitig hohem, spezifischem elektrischem Widerstand aus. Da der thermische Ausdehnungskoeffizient nur etwas größer als der von Silizium ist, lässt sich der Werkstoff sehr spannungsarm mit entsprechenden Bauelementen fügen. Solch eine Eigenschaftskombination weist kein anderer Werkstoff auf. Das bedeutet, dass Aluminiumnitrid-Keramik der ideale Substratwerkstoff für leistungselektronische Schaltkreise ist.

Er sollte also Korund-Keramiksubstrate vom Markt verdrängen. Das wird einerseits durch das Beharrungsvermögen der Kunden behindert, die immer wieder auf Werkstoffe zurückgreifen, mit denen sie Erfahrung haben. Andererseits liegen die Fertigungskosten für den „jungen" Werkstoff noch relativ hoch.

Die Erzeugnisse werden auf der Basis eines Pulvers herstellt. Das Pulver kann durch Nitridierung von Aluminium oder auch durch carbothermische Reaktionen hergestellt werden. In letzterem Fall ist das Pulver stets mehr oder weniger mit Kohlenstoff verunreinigt. Die Substrate werden vor allem durch die Foliengießtechnik (Abschn. 3.3.1) hergestellt. Natürlich kann man auch uniaxial oder isostatisch pressen oder das Heißpressen anwenden. Schwierig gestaltet sich das Dichtsintern.

Oberhalb 500 °C bildet sich, wie auch bei den bisher behandelten Nichtoxid-Keramiken, auf der Oberfläche der wenige μm feinen Pulverteilchen eine dünne Oxidschicht. Wenn man einerseits bereits die Formgebung in Stickstoffatmosphäre durchführt, kann man das verhindern. Andererseits ist es aber auch möglich, die Al_2O_3-Bildung analog der

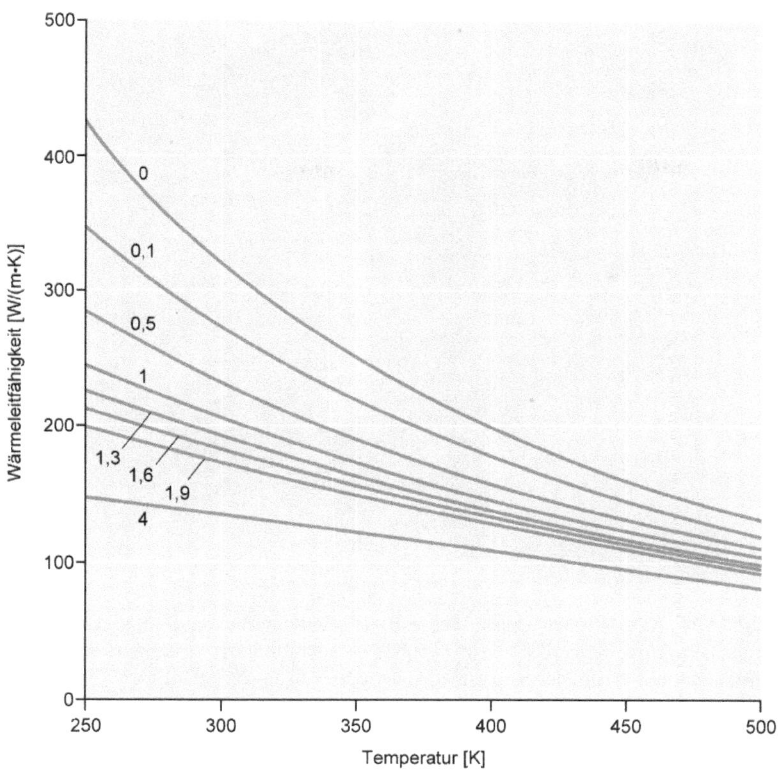

Abb. 6.10 Einfluss des Sauerstoffgehaltes auf die Wärmeleitfähigkeit von Aluminiumnitrid-Keramik. Der Parameter für die Kurvenschar ist der Sauerstoffgehalt in Masse-% (Veröffentlichung mit freundlicher Genehmigung des Thieme Verlags, Stuttgart [1, Stichwort Aluminiumnitrid-Keramik, Abbildung 2])

Bildung von SiO_2 auf der Oberfläche von Si_3N_4-Körnern gezielt für das Dichtsintern zu nutzen. Durch Zugabe geeigneter Dotanden bildet sich oberhalb 1500 °C eine partielle Schmelze, die die Schmelzphasensinterung (Abschn. 3.4) bewirkt. Zu diesen Dotanden gehören Y_2O_3 und auch CaO sowie MgO. In der abgekühlten Keramik liegen dann AlN-Kristalle vor, die in eine dünne oxidische Matrix eingebunden sind. Das Sintern erfolgt stets unter Stickstoffatmosphäre.

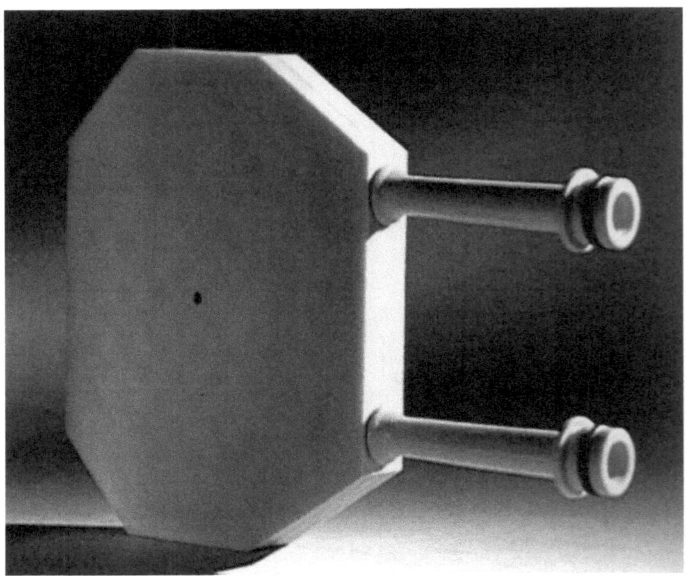

Abb. 6.11 AlN-Wärmetauscher, der z. B. in Umrichtern von S- und U-Bahnen, großen Baggern, Achterbahnen und großen Windkraftanlagen eingesetzt wird (Veröffentlicht mit freundlicher Genehmigung des Vulkan-Verlags, Essen [5, S. 336, Bild 131])

Es liegt nahe, dass sich die Dotanden auf die Eigenschaften auswirken. AlN-Einkristalle sind optisch transparent-farblos. Die polykristalline Keramik sieht in Abhängigkeit von Verunreinigungen, vor allem bei Anwesenheit von Restkohlenstoff aus der Pulverherstellung, grünlichgrau durchscheinend aus. Den Grad der Transparenz kann man durch die Größe der AlN-Kristalle beeinflussen.

Der spezifische elektrische Widerstand hängt ebenfalls von den Verunreinigungen und Dotierungen ab. Reines Material erreicht Werte von $\rho = 10^{13}\,\Omega \cdot \mathrm{cm}$. In Abhängigkeit vom Kohlenstoffgehalt kann er auf $10^3\,\Omega \cdot \mathrm{cm}$ sinken.

Wenn es gelingt, hochreine AlN-Keramik *ohne* oxidische Anteile herzustellen, dann erhält man eine Wärmeleitfähigkeit von $420\,\mathrm{W} \cdot \mathrm{m}^{-1} \cdot \mathrm{K}^{-1}$. Das liegt in der Größenordnung von Kupfer. Der Preis dafür besteht darin, dass der gesamte Fertigungsprozess in Stickstoffatmosphäre stattfinden muss. Wie deutlich sich die Anteile an Sauerstoff verringernd auf die Wärmeleitfähigkeit auswirken, geht aus Abb. 6.10 hervor.

Die Anwendung von Aluminiumnitrid-Keramik ist überall dort sinnvoll, wo große Wärmemengen vom Ort ihrer Entstehung wegzuleiten sind. Das erfolgt – bei gleichzeitig hohem spezifischem elektrischem Widerstand und geringen dielektrischen Verlusten – in den bereits genannten Substraten für leistungselektronische Schaltkreise. Eine andere Anwendung bei hohen Temperaturen ergibt sich für spezielle Wärmetauscher, wie er beispielsweise in Abb. 6.11 gezeigt ist.

6.6 Bornitrid-Keramik

6.6.1 Hexagonales Bornitrid

Die Werkstoffbezeichnung „Bornitrid-Keramik" führt immer wieder zu Irritationen. Die einen kennen unter diesem Namen einen Werkstoff mit hervorragenden Gleit- und Schmiereigenschaften, die anderen einen extrem harten Schleif- und Schneidwerkstoff. Beide haben Recht. Die Ursache liegt in unterschiedlichen Kristallmodifikationen der chemischen Verbindung Bornitrid BN. Bor und Stickstoff sind räumlich homöopolar gebunden. Das trifft auch für reinen Kohlenstoff zu. So, wie man weiß, dass Kohlenstoff sowohl als Schmiermittel Grafit als auch als superharter Diamant auftritt, kann man sich erklären, dass es für Bornitrid zwei Kristallmodifikationen mit völlig unterschiedlichen Eigenschaften gibt.

▶ **Definition** Hexagonales Bornitrid, auch als hBN oder α-BN bezeichnet, kristallisiert in einem dem Grafit ähnlichen Schichtgitter. Es kommt als Pulver, Beschichtungen und als kompakte Keramik-Erzeugnisse zur Anwendung, wobei die Fähigkeit im Mittelpunkt steht, auch bis 900 °C einen niedrigen Reibungskoeffizient aufzuweisen.

Einen Vergleich der Elementarzellen von hexagonalem Bornitrid und Grafit zeigt Abb. 6.12.

Das Pulver wird auch als „weißer" Grafit bezeichnet. Die Verbindung BN wird stets auf chemischem Weg über die Gas- oder Flüssigphase her-

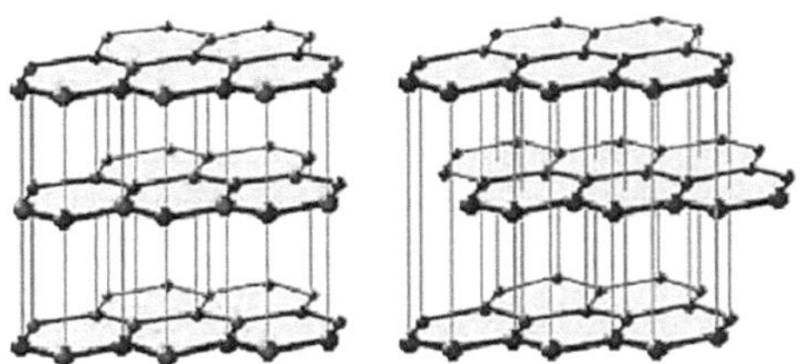

Abb. 6.12 Kristallstrukturen von hexagonalem Bornitrid und Grafit im Vergleich (Veröffentlicht mit freundlicher Genehmigung des HvB-Verlags, Ellerau [2, 6. Erg.-Lfg., Abschhn. 4.3.5.1, Bild 1])

gestellt. Dadurch ist es auch möglich, dünne Schichten durch chemische Dampfabscheidung auf Unterlagen aufzubringen, die dann eine Oberfläche mit geringem Reibungskoeffizienten erhalten. Weiterhin kann Pulver erzeugt werden, dessen direkter Einsatz als Schmiermittel erfolgt. Es lassen sich aber auch kompakte Erzeugnisse herstellen. Ein Prozessschema zeigt Abb. 6.13.

Man erkennt, dass das heißisostatische Pressen deutlich aufwendiger ist. Es wird aber häufig vorgezogen, da man beim uniaxialen Heißpres-

Heißpressen	Heißisostatischpressen
↓	↓
BN-Pulver	BN-Pulver
↓	↓
Granulieren	Granulieren
↓	↓
↓	Vorpressen
↓	↓
↓	Kapseln
↓	↓
Uniaxiales Heißpressen	Heißisostatisch Pressen
↓	↓
↓	Entkapseln
↓	↓
Endbearbeitung	Endbearbeitung

Abb. 6.13 Vergleich der Prozessschritte bei uniaxialem und isostatischem Heißpressen von hexagonaler Bornitrid-Keramik [2, 6. Erg.-Lfg., Abschn. 4.3.5.1, Bild 2]

sen Erzeugnisse mit anisotropen Eigenschaften erhält. Die Ursache liegt in dem hexagonalen Schichtgitter der Pulverteilchen. Sie richten sich bei Wirkung der verformenden Kraft so aus, dass der geringste Verformungswiderstand auftritt, d. h. parallel zur Kraftrichtung. Es gibt aber durchaus Anwendungsfälle, wo anisotrope Eigenschaften sogar gewünscht sind. Ansonsten muss heißisostatisch gepresst werden.

Um die Sintertemperatur abzusenken, werden dem Pulver Sinterhilfsmittel beigemischt. Das können z. B. B_2O_3 oder SiO_2 sein, d. h. oxidische Substanzen. Sie führen zu einer partiellen Schmelzphase. Trotzdem ist das *gleichzeitige* Wirken von Druck und Temperatur in beiden Fällen notwendig, um dichte Keramik-Erzeugnisse zu produzieren. Da aber in den Heißpressen in der Regel nur *ein* Erzeugnis in *einem* Zyklus hergestellt werden kann, ist die Produktivität niedrig, was sich im Preis bemerkbar macht. Trotzdem wird Bornitrid-Keramik zunehmend in der Industrie angewendet. Die Ursache besteht in Eigenschaftskombinationen, die bei anderen Werkstoffen nicht zu finden sind. Die ganz konkreten Werte hängen vor allem vom Anteil an Sinterhilfsmitteln ab, die im Kristallgitter oder auf den Korngrenzen zu finden sind. Aus der großen, in der Regel aber sehr anspruchsvollen Anwendungsbreite können im Folgenden nur wenige Beispiele genannt werden.

Beispiel

Im Gegensatz zu anderen Nichtoxid-Keramiken zersetzt sich hexagonales BN erst oberhalb 2600 °C. Es ist in Luft bis 1000 °C stabil. In Stickstoff kann die Keramik bis 2400 °C angewendet werden. Da hexagonale Bornitrid-Keramik wenig von Metallschmelzen benetzt wird, eignet sie sich hervorragend für den speziellen Industrieofenbau. Beispielsweise stellt man Pumpenteile und Rohre für die Leitung von Metallschmelzen aus diesem Werkstoff her. Hier wirkt sich auch die niedrige Gleitreibung positiv aus.

Beispiel

Hexagonale Bornitrid-Keramik wird nicht nur selbst heißgepresst, sondern man stellt aus ihr hochfeste Formenwerkzeuge für indirekt beheizte Heißpressanlagen her.

Einerseits gibt es spezielle Tauchthermoelemente auf der Basis dieses Werkstoffs. Andererseits werden kleine Hülsen aus Bornitrid-Keramik über die Schenkel eines ganz besonderen Thermoelements gezogen, um sie gegeneinander zu isolieren. Es handelt sich um das Thermopaar Borcarbid (Abschn. 6.6) und Grafit, das bis 2200 °C einsetzbar ist. Als Vergleich sei genannt, dass das sehr häufig eingesetzte Thermopaar Platin und Platin/Rhodium nur bis 1600 °C angewendet werden kann.

Aufgrund seiner noch bei 1000 °C vorhandenen elektrischen Isolationsfähigkeit bei gleichzeitig niedriger Permittivität wird der Werkstoff als Isolator in Hochtemperatur-Kondensatoren, in Nieder- und Hochfrequenz-Schmelzöfen, für Plasmastrahlöfen und Lichtbogenimpulsgeneratoren eingesetzt.

Dass sich das Material als Gleitpaarung für heißlaufende Lager eignet, sollte selbstverständlich sein.

Für viele Anwendungen zahlt sich auch die niedrige Dichte von $\approx 2{,}1\,\mathrm{g\cdot cm^{-3}}$ und die gute Bearbeitbarkeit aus. Auch hier spielt die Schichtstruktur der hexagonalen Kristalle eine wichtige Rolle.

hBN bildet mit TiB_2 (Abschn. 6.7) eine viel verwendete Mischkeramik, über die dort berichtet wird.

Über die Anwendung von hexagonaler Bornitrid-Keramik kann man sich ausführlich in [2, Abschn. 4.3.5.1] informieren.

6.6.2   Kubisches Bornitrid

▶   **Definition** Das kubische BN, auch als cBN bezeichnet, weist ein dem Diamanten ähnliches Kristallgitter auf. Es unterscheidet sich dadurch, dass nicht auf jedem Gitterplatz das gleiche Atom – Kohlenstoff – zu finden ist, sondern dass sich B und N nahezu gleichrangig abwechseln.

cBN entsteht durch einen speziellen Hochtemperaturprozess, der auch dem der Diamant-Herstellung ähnelt. Es wird oberhalb 1600 °C bei über 5000 MPa aus dem hexagonalen BN umgewandelt. Der Vorgang ist irreversibel, so dass diese Kristallmodifikation dann auch bei Raumtemperatur stabil ist.

cBN-Keramik zeichnet sich – wie der Diamant – durch eine extreme Härte aus. Die Härte, gemessen nach Knoop mit einer Kraft von 1 N, beträgt 4700 N · mm^{-2}. Kubische Bornitrid-Keramik ist das zweithärteste Material nach dem Diamanten. Diesem gegenüber weist cBN-Keramik sogar den Vorteil auf, dass sie in Luft bis 1400 °C stabil ist. Diamant wäre unter solchen Bedingungen längst verbrannt. cBN besitzt außerdem eine sehr geringe Korrosionsanfälligkeit auch bei hohen Temperaturen. Es reagiert besonders wenig mit Eisen- und Stahlschmelzen.

Beispiel

cBN kann sowohl als lose Körnung als auch in gebundener Form als Schleif- und Trennwerkzeug eingesetzt werden. Häufig kommt es in Honleisten anstelle der Diamantkörnung zur Anwendung. Ein besonderer Einsatzfall ergibt sich in der Fein- und Grobbearbeitung von Werkzeugstählen, aber auch für die mechanische Bearbeitung vieler Superlegierungen auf der Basis von Nickel und Kobalt. Man kann mit kubischer Bornitrid-Keramik auch Widia-Schneidplatten auf der Basis des Cermets Wolframkarbid/Kobalt bearbeiten. hBN-Werkzeuge ersetzen in diesem Fall solche auf Diamantbasis.

6.7 Titanborid-Keramik

▶ **Definition** Titan und Bor bilden drei verschieden zusammengesetzte Verbindungen, von denen nur das TiB$_2$ kongruent bei der sehr hohen Temperatur von 3225 °C schmilzt. Diese Phase bildet die Grundlage für die hexagonalen Kristalle. Die Besonderheit der Kristalle besteht in einem schichtweisen Aufbau, bei dem sich Borschichten und Titanschichten abwechseln. In den Bor-Schichten dominiert die homöopolare Bindung, in den Titan- Schichten die metallische Bindung und zwischen den Schichten eine Art heteropolare Bindung. Diese Misch-Bindung führt dazu, dass Titanborid-Keramik den elektrischen Strom metallisch mit

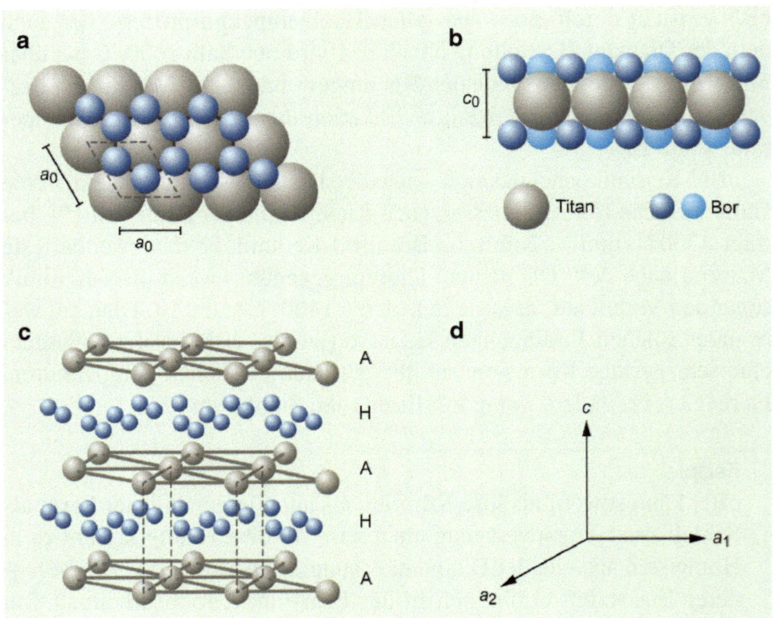

Abb. 6.14 Kristallstruktur für TiB_2. Es sind verschiedene Schnitte durch das Kristallgitter mit Angabe der Achsrichtungen gezeichnet. Mit A sind die Ti-Schichten, mit H die B-Schichten gekennzeichnet (Veröffentlicht mit freundlicher Genehmigung des Thieme Verlags, Stuttgart [1, Stichwort Titandiborid-Keramik, Abbildung 1])

einem niedrigen elektrischen Widerstand leitet, der mit der Temperatur leicht ansteigt.

Aufgrund seiner Zusammensetzung nennt man den Werkstoff häufig auch Titandiborid-Keramik. Der Kristallaufbau geht aus Abb. 6.14 hervor.

Für die Herstellung der Ausgangspulver dominieren wieder carbothermische Verfahren, wobei die Ausgangsstoffe TiO_2 und B_2O_3 vor der direkten Reaktion von Ti und B durch Kohlenstoff reduziert werden. Es können aber auch Borkarbid und Titandioxid unter Anwesenheit von

Kohlenstoff miteinander reagieren. Zur Abscheidung von TiB_2-Schichten wendet man auch die Gasphasensynthese an.

Die Formgebung erfolgt meist durch Pressen sowohl bei Raumtemperatur als auch durch Heißpressen. Es erfordert Formen aus hexagonaler Bornitrid-Keramik (Abschn. 6.6.1).

Wie für alle Nichtoxid-Keramiken, bereitet das Dichtsintern für TiB_2-Werkstoffe Probleme. In diesem Fall sind sie außergewöhnlich hoch. Ursprünglich nutzte man Temperaturen zwischen 1800–2300 °C, um zunehmend dichte Werkstoffe zu erhalten. Analog dem Si_3N_4 erschweren mit der Temperatur steigende, hohe Dampfdrücke die Verdichtung. Liegen B_2O_3-Häutchen auf den TiB_2-Pulveroberflächen vor, können diese verdampfen und wieder kondensieren. Da TiB_2 ein starkes Kristallwachstum aufweist, behindert auch dieser Vorgang das Dichtsintern. Abhilfe bringen nur Dotierungen. Da neben dem Titan auch weitere Übergangsmetalle (Eisen, Nickel und Kobalt) Boride bilden, eignen sie sich, um durch Bildung von Mischkristallen eine Volumendiffusion als Basis der Verdichtung zu beschleunigen und die Verdampfung zu verringern. Die Anwesenheit eines geringen Anteils an Schmelzphase (Abschn. 3.4) durch Zugabe von Hafnium-, Vanadium-, Tantal- oder Molybdänborid führt ebenfalls zu einer Unterstützung der Sinterung. Da es weder eine Oxidation noch eine unkontrollierte Nitridierung geben darf, findet die Sinterung in Argon- oder Wasserstoffatmosphäre statt. Die Öfen werden elektrisch mit Graphit-, Wolfram- oder Tantalheizleitern betrieben.

Man kann aus dem Gesagten ableiten, dass wieder eine breite Palette von Titanborid-Keramiken unterschiedlicher Zusammensetzung existiert. Nicht nur die Dotanden sind meist vorhanden, sondern TiB_2 bildet auch in großem Umfang Mischkeramiken, z. B. mit Zirkoniumborid, Bornitrid, Aluminiumnitrid und Siliziumkarbid. Außerdem bilden sich Cermets, z. B. mit Eisen. Die poröse TiB_2-Keramik wird in diesem Fall in eine Eisenschmelze getaucht, damit sie den Werkstoff infiltrieren kann. In jedem Fall tragen die verschiedenen Komponenten entsprechend ihren Anteilen zu den resultierenden Eigenschaften der Titanborid-Keramik bei. Es gibt Werkstoffe mit vergleichsweise hoher elektrischer Leitfähigkeit, herausragender, mit einem Baustahl vergleichbarer Festigkeit, sehr guter Bruchzähigkeit und Neutronenabsorption.

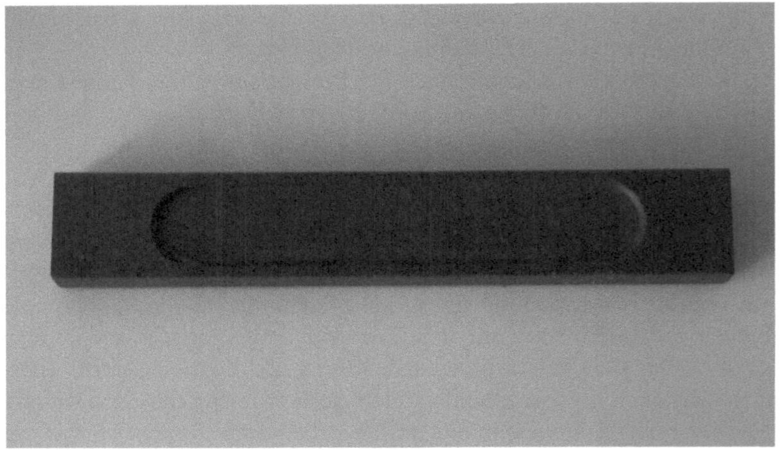

Abb. 6.15 Verdampferschiffchen, bestehend aus einer BN/TiB$_2$-Mischkeramik

Beispiel

Die sehr hohen Herstellungskosten sind nur durch die singulären Eigenschaften der entstehenden Werkstoffpalette gerechtfertigt. So wird wegen der hohen Feuerfestigkeit und wegen des hohen Bor-Gehaltes Titanborid-Keramik in der Kerntechnik als hitzebeständiger Neutronenmoderator eingesetzt.

Beispiel

Die elektrische Leitfähigkeit, gekoppelt mit höchster Temperaturbeständigkeit und guter Wärmeleitfähigkeit macht Titanborid-Mischkeramiken zum idealen Werkstoff für Verdampferschalen in Kathodenstrahlanlagen. Dazu zeigt Abb. 6.15 ein Beispiel.

Beispiel

Die gleichen Eigenschaften sind für den Einsatz von Titanborid-Keramik als Elektroden ausschlaggebend. Ein Beispiel dafür ist die Schmelzflusselektrolyse von Aluminium. Die hohe Beständigkeit gegen die Aluminium-Kryolith-Schmelze wird nur durch diesen Werkstoff erreicht.

Ausführlichere Informationen zu TiB_2-Werkstoffen sind in [4, Abschn. 10.5.4.3] enthalten.

Literatur

1 RÖMPP: Online Chemie-Lexikon. Georg Thieme Verlag, Stuttgart (2013)

2 Kriegesmann, J. (Hrsg.): Technische Keramische Werkstoffe, Lose-Blatt-Sammlung mit Austausch- und Ergänzungslieferungen; Deutscher Wirtschaftsdienst Verlag: Köln (laufend)

3 Spur, G.: Keramikbearbeitung – Schleifen, Honen, Läppen, Abtragen. Carl Hanser Verlag, München, Wien (1989)

4 Salmang, H., Scholze, H.: Keramik. 7., vollständig neubearbeitete und erweiterte Auflage, hrsg. von Reiner Telle. Springer, Berlin, Heidelberg, New York (2007)

5 Kollenberg, W. (Hrsg.): Technische Keramik – Grundlagen, Werkstoffe, Verfahrenstechnik, 2. Aufl. Vulkan-Verlag, Essen (2009)

Sachverzeichnis

© Springer-Verlag Berlin Heidelberg 2014

D. Hülsenberg, *Keramik*, Technik im Fokus, DOI 10.1007/978-3-642-53883-4